准噶尔盆地油气勘探开发系列丛书

准噶尔盆地西北缘冲积扇砾岩储层构型建模方法及应用

王延杰　王晓光　许长福　覃建华　等著

石油工业出版社

内容提要

本书在冲积扇储层内部结构精细表征的基础上，针对冲积扇储层不同部位储层分布及内部结构和属性的差异，对主流的建模技术进行实验，优选适合的建模技术和方法。对于某些商业化软件无法实现的情况进行了新的建模方法研究，较好地刻画了冲积扇储层的分布特征和内部结构及属性的空间展布。

本书可供从事油藏评价、油藏开发及三维油藏模拟的科研、技术人员，以及高等院校相关专业师生参考使用。

图书在版编目（CIP）数据

准噶尔盆地西北缘冲积扇砾岩储层构型建模方法及应用 / 王延杰等著 . — 北京：石油工业出版社，2023.11
ISBN 978-7-5183-6362-9

Ⅰ.①准… Ⅱ.①王… Ⅲ.①准噶尔盆地－冲积扇－砂岩储集层－研究 Ⅳ.① P618.130.2

中国国家版本馆 CIP 数据核字（2023）第 187749 号

出版发行：石油工业出版社
　　　　　（北京安定门外安华里 2 区 1 号楼　100011）
　　　　　网　址：www.petropub.com
　　　　　编辑部：（010）64523825
　　　　　图书营销中心：（010）64523633
经　　销：全国新华书店
印　　刷：北京中石油彩色印刷有限责任公司

2023 年 11 月第 1 版　2023 年 11 月第 1 次印刷
787×1092 毫米　开本：1/16　印张：13.25
字数：320 千字

定价：120.00 元

《准噶尔盆地西北缘冲积扇砾岩储层构型建模方法及应用》编写人员

王延杰　　王晓光　　许长福　　覃建华　　陈玉琨　　廉桂辉

张记刚　　程宏杰　　吴庆祥　　蒋志斌　　董海海　　谭　龙

丁振华　　冷润熙　　李少华　　任　旭　　李浩楠　　吴小军

朱亚婷　　邹　玮

前　言

三维储层地质模型是进行科学的油藏评价、油藏开发管理以及三维油藏模拟的重要基础。储层地质建模已经成为油田生产开发中不可或缺的一个重要环节，各种建模方法和技术层出不穷。当前主流的、成熟的可用于储层构型建模的方法主要有序贯指示模拟、截断高斯模拟、基于目标的模拟及多点地质统计学模拟等方法。不同的建模方法有着各自的优缺点，适用于不同的沉积环境和储层分布特征。冲积扇砾岩储层是重要的储层类型之一，据统计，冲积扇储层油气储量约占我国总储量的 6.9%。特别是准噶尔盆地砾岩油藏石油资源十分丰富，自 1955 年发现新中国成立后的第一个大油田——克拉玛依油田以来，新疆油田砾岩油藏累计探明石油地质储量 10.8×10^8 t，累计生产原油 1.77×10^8 t，为我国国民经济的发展做出了重要贡献。目前，冲积扇砾岩油藏大多已进入开发中后期，建立合理、高精度的储层三维地质模型对于指导剩余油的分析与挖潜具有重要的现实意义。但是，专门针对冲积扇砾岩储层及其构型单元的建模方法和应用甚少。为了满足这类油田开发中后期剩余油预测及提高采收率的需要，专门针对冲积扇砾岩储层的特点开展建模方法及应用的研究十分必要。

本书以新疆砾岩油藏为研究对象，在系统研究砾岩油藏储层特征的基础上，针对冲积扇储层不同部位储层分布及内部结构和属性的差异，对主流的建模技术进行对比研究，优选合适的建模技术和方法，并针对某些目前商品化建模软件无法解决的问题开展了新的建模方法研制，较好地刻画了冲积扇储层的分布特征和内部结构及属性的空间展布，并指导了生产实践，取得了良好效果。

本书共五章：第一章主要介绍准噶尔盆地西北缘冲积扇储层研究进展、储层建模方法的研究进展情况以及冲积扇储层建模的研究现状；第二章主要介绍冲积扇储层形成的沉积背景和岩相特征，采用构型分析技术得到的冲积扇储层各个构型要素的特点，冲积扇储层的宏观、微观非均质性；第三章主要介绍目标区块的地质背景，主流的序贯指示模拟方法、截断高斯模拟方法、基于目标的模拟方法及多点地质统计学模拟方法的基本原理，在对冲积扇扇顶、扇中、扇缘进行多种建模方法测试对比的基础上，优选了合适的建模技术组合，并发展了新的基于目标的建模方法、考虑夹层影响的渗透率粗化方法以及采用地质符号填充方式的模型结果可视化方法；第四章主要介绍基于神经网络的冲积扇储层构型要素识别方法，在构型要素测井识别的基础上，利用优选建模方法组合以及自研建模方法开展了工区冲积扇储层三维地质模型的建立以及结果检验；第五章从水平井轨迹设计、聚合物驱波及体积定量描述、深部调驱药剂定量评估、开发方案优选及聚合物驱方案部署等多个方面介绍了模型的应用情况和效果。

本书的编写工作得到了各级领导的重视、关心和大力支持，在新疆油田公司的总体协调下，长江大学等单位的有关专家、教授及技术人员参与了本书的编写，在此向参与本书编写工作的所有人员表示衷心的感谢。同时，感谢新疆油田公司勘探开发研究院丁振华对全书进行了统稿，感谢秦明、李晓梅、宋平、李洲、邓振龙、黄子怡、滕梨、张晶晨、徐虎等对本书相关数据、图件的修改和完善，感谢本书引用文献的作者和译者。

由于本书内容涉及的专业多、技术范围广，加之水平有限，书中难免有疏漏和不足之处，敬请广大读者和专家批评指正！

CONTENTS 目 录

第一章　绪　论

第一节　储层构型研究进展

构型的概念最初由美国沉积学家 Miall 于 1985 年提出，之后很多学者开展了储层构型研究。目前，构型研究主要应用于河流相，对于冲积扇研究较少。Miall（1996）参考河流相界面分级，确定了冲积扇内不同级次界面（图 1-1），按照 Miall（1985，1986）构型要素的定义和构型分析的原理，综合微相研究成果以及同一类型冲积扇研究成果，将七级界面定义为冲积扇群，六级界面定义为单一冲积扇，五级界面定义为复合河道（相当于辫流带砂砾岩体），四级界面定义为单一水道（辫流带砂砾岩体内单一砂砾岩体），三级界面定义为单一砂体内泥质夹层。国内吴胜和（2010）在 Miall 九级构型界面划分的基础上，提出了一个十二级构型分级方案。其中，1~6 级界面的划分参考了层序地层学的研究，其限定的构型单元与经典层序地层学的 1~6 级层序单元一一对应，即从 1 级巨层序或大层序到 6 级小层序。7~9 级界面分别对应 Miall 构型分级方案的 5~3 级，其限定的构型单元本质上为"facies architecture"（相构型），10~12 级界面分别对应 Miall 构型分级方案的 2~0 级界面。本书采用吴胜和（2010）构型划分方案，主要对研究区 5~3 级构型单元进行解剖。

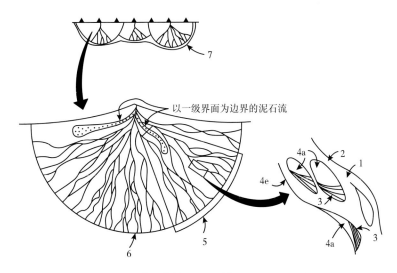

图 1-1　冲积扇构型界面（据 Miall，1996）

1—底形；2—辫流水道；3—落淤层界面；4a—心滩；4e—辫流带；5—复合河道；6—冲积扇界面；7—扇群

近年来，众多国内外学者对地下储层构型进行了研究，薛培华（1991）通过对现代曲流河点坝砂体露头及沉积规律的研究明确了点坝的形成过程。张昌民（1992）运用 Miall 所提出的结构单元分析法，对曲流河储层进行了界面特征、岩相组合以及结构要素等方面的分析。兰朝利等（1999）对地下储层构型分析法的原理及研究内容进行了系统分析。Deptuck等（2003）利用高分辨率多波二维和三维地震数据，对阿拉伯海尼日尔三角洲斜坡上部的近海底河道和堤岸体系储层构型的复杂性进行了分析。岳大力（2006）以胜利油区孤岛油田密井网区为例，对曲流河点坝地下储层构型进行了精细解剖。Brett 等（2007）主要基于野外露头资料，对美国犹他州书崖地区下 Castlegate 组变形的薄层河流沉积砂岩构型及其成因进行了研究，对河流和坝沉积体系的规模进行了定量统计。刘钰铭等（2009）基于辫状河露头及现代沉积原形模型，应用动、静态资料在井间识别单个心滩坝砂体，进行井间构型预测，建立构型三维展布模型。封从军等（2013）在考察鄱阳湖现代浅水湖盆三角洲沉积和解剖扶余油田扶余油层古代浅水湖盆三角洲储层构型的基础上，综合应用卫星照片、岩心、测井等资料，建立了浅水湖盆三角洲平原分流河道和三角洲前缘水下分流河道的沉积构型模式。乔雨朋等（2017）依据储层构型层次界面分析法，辫状河储层构型共划分出 6 级储层构型单元。权勃等（2020）利用岩心、测井、地震和生产动态等资料，基于水平井信息开展了辫状河储层构型单元空间展布特征研究。胡光义等（2021）在现有碎屑沉积地质体构型分级方案基础上，针对海上油田河流相复合砂体构型进行分级。孟玉净等（2021）采用地质、地球物理及开发动态资料，开展沉积微相、单河道及点坝砂体储层构型研究。尹太举等（2022）利用地震及水平井资料，采用储层构型层次分析法，首先对复合曲流带 S 砂体进行解释追踪，然后进行单一曲流带的划分，并解剖河道内部点坝，对侧积体进行定量表征。赵晓明等（2023）在不同构型单元的沉积规模、叠置关系、时间跨度以及成因演化等基础上，采用正序分级原则，建立了相对系统的深水水道沉积体构型分级方案和结构样式。这些研究成果及认识主要集中在曲流河构型要素成因分析、单井构型要素分析、二维剖面、平面构型研究以及地下储层构型特征对剩余油的影响等方面，但构型级次划分、模式定量化、构型三维建模研究仍有欠缺。

国内外关于冲积扇储层构型方面的研究很少，国外 Decelles 等（1991）参照河流相构型分级方法，首次建立了冲积扇分级系统；Rohtash（2007）研究了喜马拉雅山第四系冲积扇，提出理想的冲积扇模式；国内吴胜和等（2008）对新疆克拉玛依油田三叠系克下组冲积扇内部构型进行了分析，总结了冲积扇沉积构型模式；陈玉琨等（2015）建立了冲积扇储层地震地质识别方法；冯文杰（2015）认为扇顶储层主要为流沟系统，形成"树杈"组合，为建立三维冲积扇模型提供较好的模式及参数。张阳等（2020）以岩心及测井资料为基础，通过岩心描述、K- 均值聚类、贝叶斯判别等方法，形成了基于 K- 均值聚类和贝叶斯判别的冲积扇单井储层构型识别方法。冯烁等（2021）根据内蒙古岱海元子沟岩相组合及垂向序列，划分冲积扇沉积相带，分析构型单元成因，定量表征构型单元几何属性，明确构型单元组合分布规律和分布模式。

针对冲积扇储层，虽然前人建立了大量的沉积模式（这些模式对指导油气田勘探和油田早期开发有重要作用），但缺乏针对不同级次成因单元（如复合扇体、单一扇体、单一辫流体、单一微相单元）的定量规模及相互叠置关系的模式（即定量构型模式），也缺乏相应的冲积扇地下构型层次解剖及数字化研究的方法，更缺乏冲积扇构型模式对剩余油分布控制作用的研究。

第二节 储层建模方法研究进展

储层建模技术的核心是地质统计学，地质统计学是 20 世纪 60 年代发展起来的一门新兴的数学地质学科的分支。它由法国著名学者 Matheron 教授于 1962 年提出，开始主要是为解决矿床普查勘探、矿山设计到矿山开采整个过程中各种储量计算和误差估计问题而发展起来的，是一种无偏的、最小误差的储量计算方法。

近年来，地质统计学技术在石油勘探开发领域中得到越来越广泛的应用。应用主要内容包括：估计地层的埋深、层厚、孔隙度、渗透率和含油饱和度等地质和地球物理参数的空间分布，绘制各种地质图件；利用地质统计学的变差函数研究储层的非均质性及各向异性；用于数据整合，即整合地震、测井、钻井、露头等各种信息并进行建模。此外，随机模拟方法和油藏数值模拟相结合，可以预测油藏的动态特征，为制订和调整开发方案提供坚实的基础。

经典随机模拟方法可以分为基于象元的模拟和基于目标的模拟。基于象元的模拟方法主要包含序贯高斯模拟、序贯指示模拟、截断高斯模拟、分形模拟、马尔可夫场模拟及模拟退火等。用于沉积相模拟的方法主要有序贯指示模拟、截断高斯模拟和基于目标的模拟。

1978 年，Journel 和 Alabert 提出的序贯指示建模方法能够以不同变差函数表征不同变量的空间变异特征，对于后验概率的推断是非参数估计，因此得到广泛的应用。该算法也存在一些不足。首先，各类型变量全局比例有时难以控制，这是由于各类型变量的最终比例强烈依赖于被随机抽取的先被模拟的网格点的位置。如果这些最先被模拟的网格点紧邻某一特定类型的数据，那么该类型变量模拟值的比值趋于迅速增加，最终将超过它的全局比例。当指示变差函数的变程增大时，这种影响更明显，并且它主要影响那些全局比例低的类型变量。Soares（1998）提出了一种简单的算法，用于控制每模拟一个网格点后类型变量所占比例的偏差，从而较好地解决了该问题。张祥忠等（2003）则提出了多级序贯指示建模策略，从而使得模拟结果能较好地反映类型变量空间分布。其次，变差函数的求取及再现在某些情况下难以实现。Jinchi Chu（1996）针对传统的序贯指示模拟需要推导多个指示变差函数而致使模拟耗时较多，且模拟值可能不能很好地再现输入的指示变差函数的问题，提出了一种快速且能够较好地再现变差函数的序贯指示模拟方法。序贯指示模拟方法难以刻画复杂的砂体几何形态，Xu（1996）为了再现河流弯曲的形态特征，利用河流局部主流线方向角修正变差函数的方位角，从而再现了具有曲线形态特征的河流储层。

基于目标的模拟主要是示性点过程，以 1996 年 Deutsch 等建立的基于目标的层次模拟方法（Fluvsim）为代表。储层是一个层次系统，Fluvsim 建模是在层次分析的基础上逐级建模。首先模拟河道带的分布，随后在河道带内模拟河道分布。

基于目标的模拟方法不是对单个网格单元进行模拟，而是直接模拟生成一个完整的地质体（Object），根据模拟地质体的大小和形状一次对多个网格单元进行赋值，通常用于离散变量的模拟。王家华等（2001）在大庆油田应用随机游走方法模拟了网状河储层的分布，Patterson 等（2002）做了类似的研究。赖泽武等（2001）提出了基于目标的储层结构模拟方法，并开发了相应的模拟程序 MOD-OBJ，该方法综合考虑了先验地质信息，将确定性和随机模拟方法相结合，可用于河流相、三角洲相的砂体分布建模。张春雷等（2004）提出了一种新的改进型储层沉积相建模的河道模型，该模型扩展了对河流分叉、交汇等现象的描述和模拟，通过协同布尔模拟可以使沉积相建模有效地结合多方面的信息，降低了储层模型的不确定性。文健等（1994）给出了布尔模拟中砂体剖面面积计算方法，李少华（2001，2004）对布尔模拟进行了改进，包括实现多种岩相模拟，以及依据沉积学原理优先在未填充河道砂体的区域模拟河道的新方法。

随着油田开发的不断深入，对地质模型精度的要求也越来越高。传统的地质统计学建模方法对储层形态、结构等方面的表征越来越难以满足生产实践的需要，多点地质统计学建模技术应运而生，该技术具有两点地质统计学和基于目标建模方法的优点。在多点地质统计学中，应用"训练图像"或拟规则性空间分布数据代替变差函数，同时仍以象元为模拟单元，采用序贯算法可较好地再现目标的几何形态，并易于满足条件数据。

多点地质统计学应用于随机建模始于 1992 年。在最初的研究中，由于模拟退火具有强大综合数据能力及再现储层统计特征的能力，Farmer（1992）、Deutsch 和 Journel（1992）在模拟退火目标函数中加入多点统计信息分量，通过退火迭代满足多点统计特征。然而，由于迭代经常陷入局部最小的情况，导致模拟在没有再现真实统计概率情况下就中止了。更严重的情况在于迭代是在扰动多次后按一定的概率接受或拒绝，因此很难保证在未知地区是否正确抽样；此外，由于这种后处理的迭代过程导致模拟结果具有较好的相似性，致使不确定性的评价存在困难，失去了随机模拟的一个重要优势，即不确定性评价，因此没有得到广泛应用。

1992 年，Srivastava 提出了后处理迭代算法，对基于传统变差函数的模拟实现进行后处理，以恢复多点统计特征。这种方法在数据样板大、模拟对象属性取值多时，模拟速度极其缓慢。针对此问题，Wang（1996）提出了生长算法，其思想是再现储层沉积的加积过程，通过限制随机路径提高模拟速度。然而，预先定义的随机路径及储层属性优选值得进一步讨论。此外，由于其判断节点模拟值时采取的仍然是迭代思想，因此运行速度仍然是一个限制。1999 年，Caers 等应用神经网络结合马尔可夫链蒙特卡罗模拟再现储层多点统计特征。但是，神经网络内部结构的稳定性还需要评价，并且由于采取了接受或拒绝函数，算法的收敛性也是一个问题。

上述多点地质统计学算法都是迭代算法，存在模拟收敛方面的问题。针对此问题，Guardiano 等（1993）提出了一种非迭代算法。它不需要利用变差函数及克里金建立条件概率分布，而是直接从训练图像中获得概率，是序贯模拟算法的一种。对于每一个未取样点，通过扫描训练图像获得该样式的重复数，进而推断局部条件概率分布。由于其简单性和可操作性，对多点地质统计学应用于地质建模中具有重要的意义。然而，该方法由于需用重复扫描训练图像，因此对于计算机要求非常高，运行速度比较慢，导致在当时应用非常困难。为了解决这个问题，Strebelle（2000）在 Guardiano 等算法的基础上，通过建立"搜索树"策略，将多点统计概率保存于"搜索树"中，较好地解决了重复扫描训练图像的问题。搜索树策略的提出，使得多点地质统计学应用于实际储层建模成为可能，在多点地质统计学的发展上具有里程碑的意义（Journel，2003）。Strebelle 将此方法命名为

Snesim（single normal equation simulation）。Snesim 算法推出后，受到各国学者的关注。尽管 Snesim 算法在再现储层构型及条件化数据方面比传统的随机建模方法有较大提升，但是还有一些方面需要考虑。这些方面包括平稳性假设、数据样板选择及储层构型再现、综合多学科信息以及物性建模等。Snesim 算法需要进行合理的改进，以更好适用于储层精细地质模型的建立。

2003 年，在斯坦福油藏预测中心的会议上，Arpat（2005）提出了一种新的多点地质统计学随机建模方法——Simpat（simulation with patterns）。基于数据样式的相似度（距离），实现储层地质模型的重建。该算法使用数据样板扫描训练图像获取数据样式，作为样式数据库存储在计算机数据结构里；建模时计算数据样式与数据事件的相似度，从样式数据库里查询与数据事件最相似的数据样式，用该数据样式替换数据样式，直到模拟完工区全部网格节点。

自从 Simpat 算法提出以来，基于样式的地质统计学成为多点地质统计学的研究热点，很多学者专家对 Simpat 算法进行了改进，其中以基于滤波器降维度技术的 Filtersim 算法（Zhang，2006）和以基于多维尺度分析、K- 均值聚类等数据综合分析技术的 Dispat 算法（Mehrdad Honarkhah，2011）为代表。在 Simpat 算法的基础上，张团峰（2006）提出了一种新的基于样式的多点统计学算法——Filtersim。Filtersim 算法的模拟过程与 Simpat 算法基本相似，不同的是，Filtersim 算法采用了一种称为"过滤器"的工具将样式数据库分成若干样式类别，在模拟过程中先从样式类别集合中找到与数据事件最相似的样式类别，然后再从最相似的样式类别中找到最优的样式赋值到模拟实现中。尹艳树等（2008）提出了基于储层骨架的改进方法，该方法从目标骨架提取出发，约束多点统计模式选择，提出了基于储层骨架的多点地质统计学方法。基于储层骨架的多点地质统计学随机建模方法包括储层骨架模型建立和多点统计学预测两部分。Mariethoz 等（2010）提出了基于样式的直接抽样多点算法，与 Simpat 算法不同的是，直接抽样法不采用预先定义的样板尺寸。算法序贯访问网格中的所有节点，在每个节点位置，在特定的搜索半径内得到 n 个邻近的数据节点，然后根据这些节点建立滞后向量并定义为数据事件，最后根据该数据事件扫描训练图像。Chatterjee 等于 2012 年提出了一种基于小波分析的多点模拟方法，该方法可以模拟类型变量和连续变量，也是一种基于样式的方法。

多点地质统计学经过 20 多年的发展，已经成为地质统计学研究的核心内容，但是多点地质统计学各方法中最显著的缺点仍然是计算耗时的问题。随着模拟相类型的增多、数据样板尺度的变大，模拟耗时会呈指数增长，如何解决模拟耗时的问题也成为当今研究热点之一。

已有的随机建模方法，以变差函数或者训练图像为工具来反映储层形态及空间分布特征，尽管在一定程度上能够刻画储层的非均质性，但是在整合与沉积过程有关的地质信息上存在局限性，产生的结果可能在地质上不合理。基于沉积过程的模拟方法试图在模拟中考虑沉积体形成的过程，而不仅仅是对最终结果进行插值。1979 年，Bridge 和 Leeder 就通过基于过程的方法来产生河道；2003 年，Lopez 也对基于过程的方法进行研究。这些方法包含严格的沉积物理学和沉积过程，因此对于产生非均质性的地质体具有一定的优势。然而，基于沉积过程的方法在井数据的条件化方面遇到了很大的困难。2004 年，Pyrcz 的博士论文比较详细地介绍了基于沉积过程的方法 Alluvsim，主要用来模拟河流相储层。该方法能够考虑河流改道、侧向迁移及决口等物理过程，同时还能考虑地形、沉积及动力学等知识，能够有效地整合大量先验地质知识，例如，河道、天然堤及决口扇等的几何形态参数，产生的河流沉积体系比较真实。最重要的是，该方法在一定程度上解决了井数据的条件化问题。

由于储层的非均质性，尤其是陆相碎屑岩储层非均质性严重，用有限的资料来预测储层的属性存在较大的不确定性。近年来，不确定性研究在油藏开发工作中备受关注，许多学者对储层建模过程中的不确定性进行了研究。不确定性建模，即建立表征地质不确定性的模型，它是在随机建模的基础上发展起来的。2009 年，Jef Caers 教授对地球科学中的不确定性建模进行了研究。William L. Oberkampf 等（1999）对建模过程中的不确定性进行了分析，为识别计算机模拟过程中的误差和不确定性构建了一个框架。Goovaerts（2002）描述了储层表征中的 3 种不确定性，即局部不确定性、空间不确定性和响应不确定性，分析了随机模拟算法、遍历波动以及实现个数对不确定性的影响，得出了不确定性评估取决于选择的随机模拟算法的结论。国内学者也开展了相关研究，李少华（2004）对储层不确定性进行了评价，通过实例研究，利用储层随机建模生成的多个实现评价储层建模的不确定性。孙立春等（2009）研究了储层地质建模参数的不确定性，提出了多因素分析结合单因素分析的方法研究储层地质建模参数的不确定性，该方法可为油气田开发决策提供依据。

第三节　冲积扇储层建模研究进展

在构型建模方法方面，主要针对河流相开展了相关研究。Karssenberg（2001）对河流砂体构型建模的方法进行了探讨，指出常规的建模方法，如序贯指示模拟、模拟退火、马尔可夫模拟、布尔模拟等随机模拟方法，都是直接对构型进行模拟，没有考虑沉积的过程，难以得到真实的构型分布。Hornung 等（2002）利用比较沉积学、探地雷达及 4 口井对冲积平原近端和远端的河流砂岩露头进行了解剖，揭示了构型内部物性分布的规律和趋势，建立了三维概念模型。利用 STORM 软件建立了网格大小为 20m×0.3m 的相模型和物性模型，并指出由于建模软件不是基于沉积过程的，在模拟中丧失了很多重要的沉积相方面的信息，而且无法满足全部的已知数据。Labourdette（2007）利用高分辨率地震资料识别古河道的侧向迁移和垂向叠加，这种方法对地震数据要求很高，一般难以满足。Pranter（2007）在点坝砂体露头解剖的基础上，建立了 3 条构型剖面的二维模型。Donselaar（2008）通过对河流沉积露头的详细解剖，建议储层构型建模软件应该具备能够让河道底部与点坝侧积体连通的功能。Michale（2004，2006）提出了一种基于沉积事件的河流建模方法 Alluvsim。这种基于沉积事件的方法，从沉积的过程出发，建立的地质模型更加真实，更加具有地质意义，能更合理地描述储层的非均质性，但是井数据条件化依旧是个难题，还不能满足油田实际应用的需要。

吴小军等（2015）采用多点地质统计学方法建立冲积扇模型。李君等（2013）采用多种建模方法耦合建立冲积扇构型模型。赵磊等（2017）采用叠后地震反演数据进行沉积相研究，定量分析扇根亚相中的各种微相，为三维沉积相模型提供地质参数，以测井数据为硬数据，采用沉积相控制、反演协同体等信息约束建立储层模型。

针对冲积扇储层构型建模，目前尚有如下问题需要开展深入研究：

（1）未取心井构型划分问题。如何利用测井数据对构型要素进行合理划分是个难点，特别是建立判别模式的预测精度和可推广性方面。

（2）构型单元的几何形态学特征及相互关系的定量刻画。由于低级次构型单元的尺度较小，即使是密井网也很难刻画构型单元的几何形态，需要通过多种渠道建立相应的地质知识库来指导建模。

（3）缺乏三维构型建模的方法和软件。虽然已经有不少比较成熟的建模软件，如 RMS、PETREL、GOCAD 等，但模拟算法主要是基于变差函数或示性点过程，对于复杂的储层构型单元及其匹配关系的定量表征还存在一定困难。

冲积扇砾岩储层构型解剖在我国尚属首次，针对冲积扇砾岩储层构型建模方法的研究更是第一次尝试，持续、深入地对其进行研究，不仅对冲积扇砾岩油藏高效开发具有重要意义，同时能够推动冲积扇储层表征技术的发展。

第二章　准噶尔盆地西北缘砾岩冲积扇储层特征

在我国几乎所有中—新生代含油气盆地中均分布有不同规模的冲积扇体，冲积扇体是一类重要的油气储集体，占我国碎屑岩储层的 6.0%（裴怿楠等，1997），如准噶尔盆地西北缘克拉玛依油田砾岩油藏、济阳凹陷北部陡坡带冲积扇油藏、黄骅坳陷枣园冲积扇油藏、吐哈盆地鄯勒古近系气藏等，其油气勘探潜力巨大。在准噶尔盆地西北缘、盆地边缘及玛湖凹陷内二叠系—三叠系冲积扇砂砾岩地层中相继发现一系列高产油田，如百口泉油田、玛北油田、乌尔禾油田、风城油田、夏子街气田、克拉玛依油田等，可见冲积扇沉积与油气储层有着密切关系。冲积扇在准噶尔盆地西北缘广泛发育，见于二叠系佳木河组下—上亚组（P_1j_1—P_1j_3）、夏子街组（P_2x）、下乌尔禾组（P_2w）、上乌尔禾组（P_3w），三叠系百口泉组（T_1b）、克拉玛依组（T_2k）、白碱滩组（T_3b），侏罗系八道湾组（J_1b）及头屯河组（J_2t）中，总体为一套粗碎屑岩，各层系中岩性略有变化。

第一节　冲积扇储层沉积特征

准噶尔盆地在晚古生代开始进入盆地的形成演化发展阶段。晚石炭世—早二叠世，由于准噶尔古陆块与其周边的西伯利亚板块碰撞，在其周边地区出现由外向内强烈挤压推覆的碰撞带及与隆起造山带相邻的前陆型沉积坳陷。准噶尔盆地西部早二叠世同裂谷期机械沉降形成半地堑，是一个典型的造山后裂谷盆地。在中二叠世热沉降后裂谷阶段，沉积物供应超过沉降，沉积物来源越来越远。主要增生后走滑断裂带之间的二叠纪区域张性应力场触发了西准噶尔早就存在的晚石炭世走滑断裂的复活，并使准噶尔盆地下方的地壳变薄。晚二叠世玛湖凹陷的热沉降被盆地边缘的一次构造事件中断，导致盆地边缘的反转，二叠纪的隆起和倾斜被下三叠统截断。该事件还以扇三角洲的分布为标志，局限于中拐隆起和玛湖凹陷西南部，东北缘有间断。至早三叠世期间，准噶尔盆地西北缘的右旋走滑运动，可能在腹地重新激活了断层和隆起。准噶尔盆地由开放型海相盆地转入以近物源区为沉降中心的内陆盆地沉积，后转化为山—盆构造发育体系的沉积。同时，西北缘地区也出现了几个与盆地相对应的构造沉积的发展演化阶段。

一、冲积扇储层沉积模式

Drew（1873）首先提出了冲积扇（Alluvial Fan）的概念，用来描述山口处扇形沉积体的地貌现象。国内学者称其为洪积扇或冲积扇。随着冲积扇与资源环境及人类活动日益密切，有关冲积扇储层的研究逐渐受到学术界的关注。而冲积扇的分类是一个重要的问题，目前，冲积扇的分类主要有按气候条件、按相序和按沉积机制划分 3 种方案。

1. 按气候条件的划分方案

Galloway 等（1983）依据气候条件差异，将冲积扇划分为干旱型与湿润型两种类型，突出了气候因素对冲积扇沉积特征的控制作用（图 2-1）。

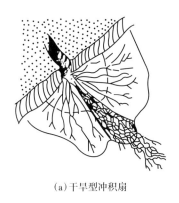

(a) 干旱型冲积扇

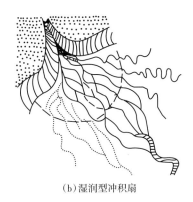

(b) 湿润型冲积扇

图 2-1 干旱扇和湿润扇平面分布特征（据 Galloway et al., 1983）

国内学者朱筱敏（2000）对这两种类型冲积扇的沉积特征进行了对比。分析表明，这两种类型冲积扇在河流性质、地形坡度、扇体半径、河床分布格局、沉积物分布以及垂向序列等方面具有明显的差异。其中，最本质的区别在于河流性质：干旱扇河流性质为间歇性河流，以间歇性洪水沉积为主，少见常年河流形成的沉积物；而湿润扇河流的性质为常年的河流，沉积物以河流沉积为主。

2. 按相序的划分方案

按照冲积扇的相序和沉积序列，冲积扇可分为进积型和退积型两种类型。进积型冲积扇的地层厚度向上变厚，粒度变粗。而退积型冲积扇正好相反，地层厚度向上变薄，粒度变细。根据高分辨率层序地层学的原理，冲积扇进积和退积是由物源供给和可容空间变化所决定的，反映了构造、气候以及物源等因素综合作用的结果。进积型冲积扇物源供给速度大于可容空间增长的速度，形成自下而上的扇缘、扇中、扇顶依次叠置的相序，因此沉积物粒度向上变粗。而退积型冲积扇与进积型冲积扇相反，物源供给速度小于可容空间增长的速度，因此，自下而上扇顶、扇中、扇缘依次叠置，沉积物粒度向上变细。

3. 按沉积机制的划分方案

传统认为冲积扇的沉积类型主要为泥石流（碎屑）和辫状河沉积物。Stanistreet 等（1993）在研究非洲南部 Okavango 冲积扇时提出了曲流河（或直流河）控制的冲积扇类型，扩展了冲积扇的定义，提出了冲积扇 3 端元分类方案。3 个端元分别为泥石流（碎屑流）沉积为主的冲积扇、辫状河沉积为主的冲积扇和曲流河（或直流河）沉积为主的冲积扇。Stanistreet 对 3 类典型冲积扇的沉积环境进行了分析，认为冲积扇类型与构造运动、地形坡度和气候因素有关。地形坡度大、构造运动强烈、气候干旱地区一般形成以泥石流（碎屑流）沉积为主的冲积扇；地形坡度较大、构造运动较强烈、气候半干旱或半湿润的地区形成以辫流水道沉积为主的冲积扇；构造运动较弱、地形坡度小，气候湿润、雨量充沛，河流中常年有水的地区形成以曲流河（或直流河）沉积为主的冲积扇。

冲积扇作为近源沉积体，与河流和三角洲牵引流沉积相比沉积机制复杂，既有牵引流沉积，也有重力流沉积。国内外学者对冲积扇内部的沉积机制进行了大量的研究，总体上包括泥石流沉积、筛状沉积、河道沉积和漫流沉积。

（1）泥石流沉积（Debris Flow Deposit）。

泥石流（Debris Flow）是一种高密度、高黏度的流体，含有丰富的黏土和细粒沉积物质，呈可塑性状态，并以块体形式搬运。Hooke（1965）详细地描述了泥石流的沉积过程。泥石流沉积物主要以泥、砂、砾混杂为特征，无分选或分选极差，呈块状，杂基支撑，常见巨大的碎屑物"漂浮"于细粒的杂基之中，形成直立状"漂砾"。

Levson（2000）等将冲积扇内发育的分选差、碎屑支撑、砂砾混杂、块状堆积的岩石相解释为低黏性的泥石流（碎屑流）（Noncohesive Debris Flow）沉积。它与之前描述的泥石流沉积不同，其沉积物中泥质含量少，为碎屑支撑机制。低黏度泥石流（碎屑流）沉积的外部形态呈席状或低起伏的坝。落基山现代冲积扇中广泛分布这种低黏度的泥石流（碎屑流）沉积物。

（2）筛状沉积（Sieve Deposit）。

洪水携带沉积物为砾石组成的沉积体，且砾石层粒度较粗，筛状沉积中孔隙度和渗透性较高，在临近交会点的下面，因水流携带的细碎屑填积在大砾石间的孔隙内，形成具有双众数粒度分布特点的砂砾体，这就是筛积物。通常在冲积扇表层呈舌状砾石层，其成层界面一般不明显。筛状沉积具有较好的渗透性，通常形成油层或水层。

（3）河道沉积（Channel Deposit）。

河道沉积是冲积扇中重要的沉积类型，一般在冲积扇沉积体中占有较大的比例。湿润型冲积扇中，以河道充填沉积物为主体。而干旱型冲积扇中，河道沉积物主要分布于冲积扇的中上部位，在交汇点之下，水流不受河道的束缚，逐渐形成漫流沉积。不同位置及不同类型的冲积扇的河道的类型差别较大，目前对于这种差异性成因、与冲积扇类型的关系及其展布特征等方面的研究仍然不够。

（4）漫流沉积（Sheetflood Deposit）。

漫流（Sheetflood）位于冲积扇的末端或河道交汇点的下段，由黏度较低的洪水形成。洪水从冲积扇河床的末端流出，流速变缓且水深骤然减小，使沉积物呈席状或片状沉积下来，形成席状砂岩、砾岩和泥岩堆积体，称为漫流沉积、片流沉积或漫洪沉积。关于漫流沉积与片流沉积的机制一直存在争议。早期"片流"与泥石流的意义相当。但随着人们对片流沉积的认识逐渐加深，认为片流的沉积物主要由碎屑组成，也可含有少量的粉砂和黏土，常呈块状。关于片流的定义、沉积机制及其与漫洪、漫流沉积的差异性，长期以来比较模糊、不明确，主要原因在于不同冲积扇沉积特征差异较大，而对冲积扇类型的划分长期以来不完善，给总结冲积扇沉积机制的规律带来了较大的困难。传统定义的片流出现在冲积扇末端和河道的下段，粒度比河道沉积物细。然而，张纪易（1983）认为其岩石相可以为粒度较粗的砾岩，并具有洪积层理，分布范围可以在冲积扇的近端或几乎全部区域。

二、冲积扇储层岩相特征

岩石相是沉积环境的物质记录。不同沉积环境下的岩石相在粒度、结构、构造以及古生物等方面表现出不同的特征。冲积扇沉积以岩性粗、结构成熟度与成分成熟度低为特征。因此，为了深入研究冲积扇内部储层特征，首先必须深入研究其岩石相及其测井响应特征。本章在取心井岩心、露头以及现代沉积对比的基础上，对取心井岩石相进行识别、归类和描述，并分析研究岩石相的垂向韵律特征。

通过对研究区 11 口密闭取心井岩心描述以及深底沟露头剖面的观察，发现研究区克下组冲积扇储层岩石类型丰富、结构复杂。其类型包括中砾岩、细砾岩、粗砂岩、中砂岩、细砂岩、粉砂岩等。各岩石相总体上分选差，呈现多粒级混杂的特征，根据砾、砂、泥三级粒度命名的方法，可以划分出几十种岩石相类型，给研究带来极大的不便。因此，需要根据岩石相的主要粒度级别、结构和构造，对岩石相进行合理地分类。合理分类有利于建立岩石相电性识别模型，为后续的研究工作奠定基础。

综合考虑粒度、分选、沉积结构和构造等特征，将研究区克下组冲积扇岩石相划分为砾岩相、砂岩相和泥岩相三大类，并进一步细分为若干亚类。

1. 砾岩相

砾岩相是研究区主要的储层岩石相类型。砾岩相碎屑中砾石含量大于50%，砾岩相碎屑分选总体较差，但粒度不同的岩石相分选亦有差别，粒度越粗，碎屑分选越差；砾石碎屑磨圆较差，以次棱角状和次圆状为主，部分为棱角状；沉积构造复杂多样，包括块状构造、粒序层理、平行层理和交错层理，总体上碎屑粒度越粗，内部块状构造越明显，而碎屑粒度越细，则层理越发育；砾石碎屑的排列方式有很大差别，粒度粗的岩石相（中砾岩相和中砾质细砾岩相）砾石排列杂乱，无明显方向性，而粒度细的岩石相（含中砾细砾岩相）中可见砾石定向排列现象。

根据碎屑大小，可将研究区克下组砾岩相分为中砾岩相和细砾岩相两个亚类。其中，中砾岩相包括中砾岩（中砾含量大于50%）和细—中砾岩（由中砾和细砾组成，各自含量不大于50%，但中砾含量高于细砾）。细砾岩相包括细砾岩（细砾含量大于50%）、中—细砾岩（由细砾和中砾组成，各自含量不大于50%，但细砾含量高于中砾）。

1）中砾岩相

研究区中砾粒径一般介于10~40mm［图2-2（a）、图2-2（b）］，平均为20mm，最大直径可达100mm。中砾岩内含有细砾、砂、粉砂等组分，粒级呈多众数分布，分选极差。砾石碎屑多为次棱角状，亦见棱角状和次圆状。砾石排列杂乱，无明显方向性，可见直立和斜立现象［图2-2（c）、图2-2（d）］。砾石成分多为火山岩碎屑和砂泥团块。岩石相中细粒物质由不等粒砂、粉砂和泥组成。中砾岩相总体上为砂、砾混杂堆积，多呈块状或不明显正韵律，内部层理不发育，可见直径较大的砾石"漂浮"于细粒碎屑物中，形成"漂砾"。

上述特征表明，中砾岩相为快速堆积的沉积物，其搬运机制为高密度的碎屑流，当中砾含量减少时，碎屑流过渡转变为牵引流。实际上，该岩石相与后述的中砾质细砾岩、含中砾细砾岩、中—细砾岩为渐变过渡的关系。

根据支撑机制，可将中砾岩相分为碎屑支撑的中砾岩和基质支撑的中砾岩。前者泥质含量一般较小，中砾间主要为砂和细砾；后者泥质含量一般大于30%。

基质支撑的中砾岩相分选极差［图2-2（e）、图2-2（j）］，砾、砂、粉砂、泥混杂堆积，泥（粉砂）质含量高，其含量甚至可大于50%。砾石大小不一，从细砾至中砾均有，砾石最大直径可达100mm以上。砾石多为棱角—次棱角状，砾石含量一般大于40%，成分以花岗岩为主。岩石呈块状构造，不显层理。常见直径较大的砾石"漂浮"于杂基之中，形成"漂砾"。砾石排列杂乱，可见砾石直立和斜立现象。这类岩石相主要为泥石流成因，为一种高黏度、高密度流体整体搬运机制。因此，碎屑物几乎无分选、无排列地堆积下来，形成块状构造。这种岩石相主要分布于克下组底部。

（a）中砾岩相粒度分选
（J583井S$_7^{3-1}$单层，井深406.5m）　　　（b）细—中砾岩相粒度分选
（J583井S$_7^4$小层，井深420.2m）　　　（c）中砾岩相混杂堆积结构
（J555井S$_7$小层，井深414.3m）

（d）细—中砾岩相中长形砾石呈发散状
分布（J555井S$_7^{3-1}$单层，井深393.6m）　　　（e）杂基支撑中砾岩相岩心横剖面照片
（J570井S$_7^4$小层，井深530.3m）　　　（f）细砾岩相粒度分选岩心横截面照片
（J583井S$_7^{2-3}$单层，井深404.7m）

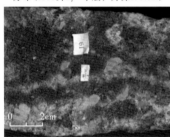

（g）中砾质细砾岩粒度分选岩心横剖面
照片（J555井S$_7^{3-3}$单层，井深403.0m）　　　（h）含中砾细砾岩相岩心纵剖面照片
（长条砾石定向排列，J555井S$_7^{2-2}$单层，
井深382.6m）　　　（i）细砾岩相粒度分选岩心横剖面照片
（J586井S$_7^{2-2}$单层，井深406.6m）

（j）泥质中砾岩相露头照片
（砾、砂、泥混杂堆积，S$_7$层）　　　（k）含中砾细砾岩层理岩心照片
（J555井S$_7^{3-3}$单层，井深407.4m）

图 2-2　砾岩相粒度分选及其混杂堆积结构

2）细砾岩相

根据砾石相的粒度分布和构造特征，将细砾岩相分为偏粗的细砾岩相和小细砾岩相两种类型。

（1）偏粗的细砾岩相。

细砾粒径一般为 5~10mm，中砾含量一般大于 10%。根据中砾含量，这类岩性包括含中砾细砾岩、中砾质细砾岩和中—细砾岩。该岩石相总体上分选较差［图 2-2（f）］，砾石多为次棱角状或次圆状［图 2-2（g）］，略具成层性［图 2-2（k）］，有时可见砾石呈叠瓦排列［图 2-2（h）］，多呈不明显正韵律。砾石成分主要为火山岩岩屑和砂泥团块。

根据支撑机制，可将偏粗的细砾岩相分为碎屑支撑的细砾岩和基质支撑的细砾岩两类。前者泥质含量一般较小，砾间充填物主要为砂质；后者主要充填泥质，其含量一般大于 30%。

当细砾岩相中砾石含量减少、砂质含量增大，两者各自含量均小于 50%，但两者之和大于 50% 时，则称为狭义的砂砾岩。其特征介于砾岩与砂岩之间。由于这类岩性较少，而且物性特征与偏粗的细砾岩相似，故在岩石相分类中不单列一类，而暂将其归入偏粗的细砾岩中。

（2）小细砾岩相。

细砾粒径以 2~5mm 为主体，一般不含中砾（或偶见中砾），分选较好，泥质含量低，胶结疏松［图 2-2（i）］。砾石多为次圆状或次棱角状，成分主要为火山岩岩屑和砂泥团块。岩石相内部可见平行层理、交错层理和块状构造。根据沉积构造，可将小细砾岩相细分为平行层理、板状交错层理和块状 3 种类型。

①平行层理小细砾岩相（Gh）：岩石相中可见由粒度差别显现的平行层理。层理间距较大，反映出岩石相为强水动力条件下牵引流形成的沉积物。

②板状交错层理小细砾岩相（Gp）：岩石相中可见板状交错层理，反映出砾石丘迁移增长的特征。

③块状小细砾岩相（Gm）：岩石相呈块状构造，不显层理，但具有一定的成层性，反映出搬运沉积物的流体具有较大的密度，但尚未成为碎屑流。

2. 砂岩相

根据粒度的大小，将研究区克下组砂岩相分为粗砂岩相、中砂岩相、细砂岩相和粉砂岩相。为了简化岩石相的分类，对于其间的过渡类型，如中—粗砂岩、中—细砂岩，分别将其归并到粗砂岩相和细砂岩相。

1）粗砂岩相

主要组分为粗砂，粗砂含量大于 50%，泥质含量低，胶结疏松，分选、磨圆中等。碎屑物中常含有细砾［图 2-3（a）］，根据其中的砾石含量，可分为粗砂岩相（砾石含量一般小于10%）、含砾粗砂岩相（砾石含量为 10%~25%）和砾质粗砂岩相（砾石含量大于 30%）。砾石一般较小，多为细砾，直径一般为 2~4mm，偶见中砾，最大砾径为 20mm。粗砂岩相沉积构造与细砾岩相相似，可见冲刷面、交错层理及底部滞留砾石叠瓦构造，具有明显的牵引流水道冲刷充填特征。根据沉积构造，粗砂岩相可细分为平行层理、板状交错层理和块状 3 种类型。

（1）平行层理粗砂岩相（Sh）：可见由于粒度的差别而显现的平行层理，层理间距20mm，反映其为强水动力条件下的牵引流沉积物。

（2）板状交错层理粗砂岩相（Sp）：层理系厚约50mm，反映了沙丘的迁移增长。

（3）块状粗砂岩相（Sm）：岩石呈块状构造，不显层理，但具有一定的成层性，反映出搬运的水流具有较高的密度。

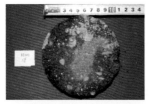

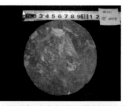

（a）含砾粗砂岩相粒度分选岩心横剖面　　（b）中砂岩相层理岩心照片　　（c）泥质细砂岩相岩心横剖面照片
照片（J583井S₇¹小层，井深388.8m）　（J581井S₇³⁻¹单层，井深407.2m）　（J585井S₇²⁻³单层，井深408.1m）

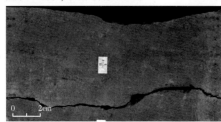

（d）含泥细砂岩岩心照片　　　　　　　　（e）泥质粉砂岩相岩心照片
（J555井S₇²⁻¹单层，井深379.7m）　　（含砂及小砾石，J555井S₇³⁻³单层，井深400.5m）

图2-3　砂岩相粒度分选岩心、层理岩心照片

2）中砂岩相

主要组分为中砂，一般含泥质，分选、磨圆中等。碎屑物常含有细砾，其含量小于10%，直径一般为2~4mm。中砂岩相中常见交错层理和冲刷面［图2-3（b）］。

3）细砂岩相

研究区细砂岩相多含泥质，常与泥质粉砂岩共生，其内部少见层理，但具有成层性。根据泥质含量，可将其细分为含泥细砂岩相和泥质细砂岩相两种类型。

含泥细砂岩相泥质含量较低，一般小于25%，具有一定的储集性，含油级别可达油斑级［图2-3（d）］。

泥质细砂岩相泥质含量高，大于25%，常含有细砾，砾石直径一般为2~8mm，其物性差，含油级别一般为不含油或油迹［图2-3（c）］。

4）粉砂岩相

研究区粉砂岩相普遍含有泥质，为泥质粉砂岩，呈块状，不显层理，但具有成层性，不含油，为非储层岩石相。岩石中一般含有砂和小砾，其含量小于15%［图2-3（e）］。

3. 泥岩相

六区克下组泥岩相主要发育于S₆砂组与S₇砂组的上部。深底沟露头区，泥岩相在克下组整个层段均有分布。根据露头考察和岩心描述，将研究区克下组泥岩相分为以下两种类型。

1）含砂（砾）或砂（砾）质泥岩相

泥岩相中含砂、砾（一般不超过30%）［图2-4（a）］，呈块状构造，不显层理，具有成

(a)砂（砾）质泥岩相岩心横剖面照片
（J584井S$_7^{2-1}$单层，井深391.1m）

(b)紫红色含砾与砾质泥岩相露头剖面照片
（S$_7$层）

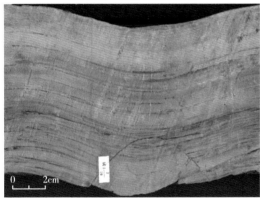

(c)具水平纹层的泥岩相岩心照片
（J555井S$_6^3$小层，井深371.14m）

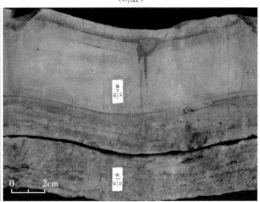

(d)块状泥岩相岩心照片
（J555井S$_6^3$小层，井深372.2m）

(e)S$_6$层块状致密纯净泥岩露头照片

图2-4 泥岩相岩心及露头照片

层性。其成因有以下两种：一为洪水漫流形成的沉积，主要发育于研究区 S_7 砂组上部与深底沟露头区的 S_7 砂组；二为高黏度、高密度的泥流沉积，常与泥石流共生 [图 2-4（b）]，见于深底沟露头克下组底部的 S_7 砂组。

2）纯净泥岩相

这类泥岩较纯净，一般不含砂、砾，主要分布于 S_6 砂组。根据其沉积构造特征，可分为两类：一为具水平纹理的泥岩，纹层主要由颜色显示 [图 2-4（c）]；二为呈块状的泥岩，致密、纯净 [图 2-4（d）、图 2-4（e）]，这类泥岩为静水条件下的沉积。

第二节　冲积扇构型特征

储层构型研究是目前储层地质学研究的一个最热门的研究课题，不同相带控制的储层内部结构描述是预测冲积扇砂砾体内部剩余油分布的基础。合理描述砂砾体内部 3 级构型要素几何形态、分布规模、连续性、方向性及其组合关系，准确判定单一辫流水道内部 3 级构型要素的成因类型，建立储层地质构型模式，对于冲积扇砂砾岩油藏的高效开发具有重要的理论意义和现实意义。

一、冲积扇构型划分

通过野外露头、现代沉积和密集井网等资料对研究区的冲积扇储层构型进行了详细的研究和精细表征，主要认识如下：

（1）冲积扇不同相带内部构型单元类型及分级系统有较大的差异。

扇顶内带包括槽流带和漫洪带两个 5 级构型单元（吴胜和，2010），其中槽流带包括槽流砂砾体和泥石流沉积两类 4 级构型单元，而槽流砂砾体又包括槽流砾石坝和流沟两个 3 级构型单元，漫洪带包括漫洪砂体和漫洪细粒沉积两个 4 级构型单元。扇顶外带位于主槽的外侧，沉积物发散呈片状，细分为片流带和漫洪带两个 5 级构型单元，片流带由多个片流砂砾体（4 级）构型单元组成，而片流砂砾体又包括片流砾石坝和流沟两个 3 级构型单元，漫洪带包括漫洪砂体和漫洪细粒沉积两个 4 级构型单元。扇中位于冲积扇的中部，沉积物主要为放射状散开的水道及其漫溢沉积，细分为辫流带与漫流带两个 5 级构型单元，其中辫流带由多条辫流水道（4 级）叠置而成，而辫流水道又包括沙坝和沟道两个 3 级构型单元，漫流带包括漫流砂体和漫流细粒沉积两个 4 级构型单元。扇缘位于冲积扇的最远端，沉积物以细粒沉积为主，间有窄水道沉积。细分为径流带与漫流带两个 5 级构型单元，其中径流带由多条的径流水道（4 级）组成，漫流带包括漫流砂体和漫流细粒沉积两个 4 级构型单元。

（2）冲积扇不同相带的内部构型模式各具特色。

扇顶主体为槽流砂砾体和片流砂砾体，而漫洪砂体和漫洪细粒沉积夹含于其内。多期次洪水片状加积，形成了砾石坝广泛分布背景下流沟和漫洪沉积呈随机、离散分布的构型单元叠置样式。流沟厚度平均为 0.3m，宽度小于 70m。漫洪沉积厚度平均为 0.25m，横向展布规模小于 200m。总体上，扇顶砾岩体为一种泛连通体，其中不连续的薄层漫洪沉积及钙质胶结带为泛连通体内的非渗透夹层，而非胶结的流沟砂岩为泛连通体内部的异常高渗透带。

（3）扇中由辫流水道、漫流砂体和漫流细粒沉积组成。

多期次洪水形成的辫流水道侧向摆动，形成了辫流水道和漫流砂体与漫流细粒沉积侧向相隔、垂向互层的分布样式。近扇顶的一侧，漫流沉积含量较少，辫流水道侧向叠置连片；近扇缘的一侧，漫流沉积发育，辫流水道被漫流沉积间隔，呈孤立的条带状分布。辫流水道宽度介于150~500m，厚度介于1~3m，由内向外水道宽度变窄、厚度变薄。辫流水道内部包括沙坝和沟道，主体为沙坝，沟道位于沙坝的一侧或两侧，剖面上呈顶平底凸的透镜状。

（4）扇缘由径流水道、漫流砂体和漫流细粒沉积组成。

径流水道呈窄条带状镶嵌在漫流细粒沉积之中。径流水道砂体厚度一般小于1m，宽度一般小于70m；漫洪砂体位于径流水道的两侧；漫流细粒沉积为扇缘沉积的主体，占总沉积体积的90%以上。

充分借鉴和利用前人研究成果，开展研究区的冲积扇储层构型研究。表2-1中4级构型要素大致相当于沉积相的微相级别。构型从5级开始，相当于亚相级别，4级是本次研究的基本构型单元，局部密集井网区构型的划分可以达到3级，即几十米展布规模的地质单元，如流沟、辫流沟道等。流沟和辫流沟道的规模变化范围较大，小的几米，大的几百米，与冲积扇规模大小有关，应根据实际密集井网进行解剖。即使是同一冲积扇，内部的单一辫流沟道的规模有大有小，不能简单地套用一种河道参数进行模式判别，应通过多井统计建立起来的模式判别函数进行定量表征，即根据宽厚比参数，垂向单一旋回累积厚度大小取决于单一辫流沟道或径流水道横向展宽。

表 2-1　冲积扇内部结构层次划分方案（据吴胜和，2010）

相带	5级	4级	3级
扇顶内带	槽流带（主槽及侧缘槽）	槽流砂砾体	槽流砾石坝
		泥石流沉积	流沟
	漫洪带	漫洪砂体	
		漫洪细粒沉积	
扇顶外带	片流带	片流砂砾体	片流砾石坝
			流沟
	漫洪带	漫洪砂体	
		漫洪细粒沉积	
扇中	辫流带	辫流水道砂体	辫流沙坝
			辫流沟道
	漫流带	漫流砂体	
		漫流细粒沉积	
扇缘	径流带	径流水道砂体	
	漫流带（湿地）	漫流砂体	
		漫流细粒沉积	

二、冲积扇构型单元特征

在已有研究成果的基础上，着重研究了3级构型要素的模式判别和定量表征方法，以几种典型的3级构型要素为例，对内部构型特征进行详细描述。

1. 扇顶

1）槽流砾石坝

槽流砾石坝为洪水期快速堆积于主槽（或侧缘槽）的沉积体，是冲积扇储层粒度最粗的构型单元。岩心观察与描述结果表明，槽流砾石坝以中砾岩相为主，局部可见粗砾岩，偶尔夹有薄层砂岩透镜体。其堆积混杂，分选和磨圆极差，发育块状构造，厚度大于 2m，中间夹有薄砂层。槽流砾石坝的电性特征表现为反旋回，自然电位（SP）和电阻率（RT）呈漏斗形或倒梯形，RT 介于 70~90Ω·m（图 2-5），主要指示砂砾岩含量高，泥岩含量少。

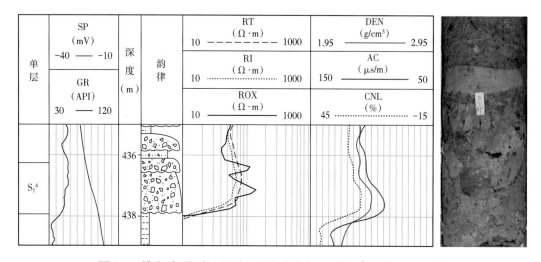

图 2-5　槽流砾石坝岩心照片及测井响应（J582 井 S_7^4 小层，437.9m）

2）流沟

洪峰过后（间洪期）在片流砾石坝上冲刷形成的沟道。流沟为大段中砾岩相中夹含薄层的细砾岩相、粗砂岩相、中砂岩相和细砂岩相，分选较好，厚度约 0.2m。流沟的电阻率（RT）介于 80~120Ω·m（图 2-6）

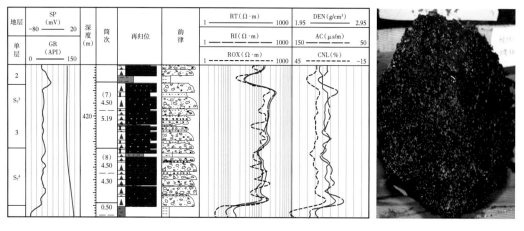

图 2-6　流沟岩心照片及测井响应（J585 井，423.4m，S_7^{3-3} 单层，J585 取心井流沟岩心照片为第 8 筒次 19/21 筒块）

2. 扇中

1）辫流沟道

辫流水道是在漫流细粒沉积背景下下切形成的河道，呈辫状分布。辫流水道内部可进一步划分为辫流沟道和辫流沙坝两个3级构型单元，辫流水道属于4级（又称辫流线）。辫流沟道岩性较细，以中砂岩相和细砂岩相为主，泥质含量较沙坝高，厚度一般为0.3~0.5m。其电阻率介于20~80Ω·m（图2-7）。

2）辫流沙坝

辫流沙坝岩性较粗，岩性为小细砾岩相和粗砂岩相，泥质含量低，分选较好，厚度较大（一般大于1m）。电阻率（RT）大于80Ω·m，形态呈钟形（图2-8）。

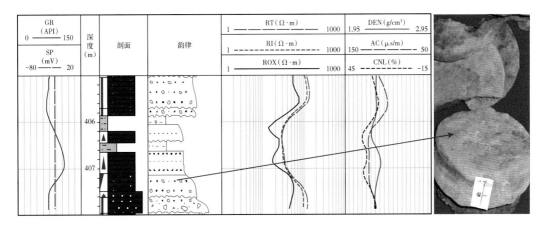

图2-7　辫流沟道岩心照片及测井响应（J581井 S_7^{3-1b} 单元）

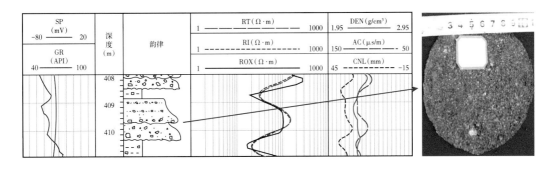

图2-8　辫流沙坝岩心照片及测井响应（J584井 S_7^{3-1b} 单元）

3. 扇缘

主要发育径流水道。径流水道主要为细砂岩相、中砂岩相，偶见小细砾岩相。径流水道单层较薄，一般小于1m，体积小于扇缘体积的10%。

三、储层构型要素空间叠置

研究建立了两种构型叠置模式：一种是针对扇顶构型，其主要是泛连通体，构型单元实际上是一个整体，不存在明显的单元界限，因此更适合在4级构型单元上建立；另一种是采用类似河流相的构型模式，因为在扇中和扇缘部分，沉积机理更接近河流相储层，因此借鉴辫状河储层构型的模式，着重探讨扇中辫流带、扇缘径流带的构型模式。

结合该工区实际地质情况，辫流带辫流水道砂砾体垂向叠加接触关系主要有5种模式，即孤立式、不同期不同位对接式、不同期不同位切叠式、不同期同位叠加式和复合式，其中孤立式可进一步细分为同期不同位孤立式、不同期不同位孤立式和不同期同位孤立式（图2-9）。

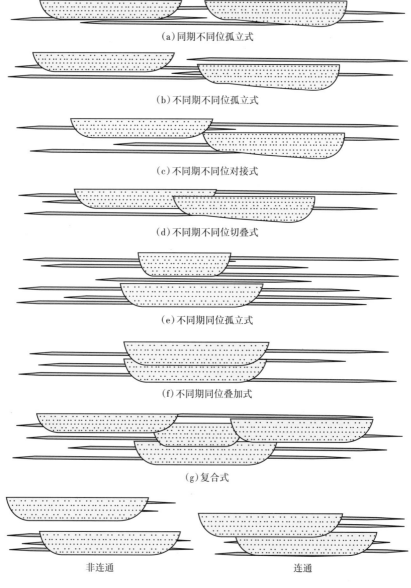

(a) 同期不同位孤立式

(b) 不同期不同位孤立式

(c) 不同期不同位对接式

(d) 不同期不同位切叠式

(e) 不同期同位孤立式

(f) 不同期同位叠加式

(g) 复合式

非连通　　　　　　　　　　　连通

图 2-9　辫流水道构型模式

现就其中几种主要模式进行论述：

（1）不同期不同位对接式。不仅高程存在差异，而且位置也发生迁移，形成侧向不同位切叠的一种模式。

（2）不同期不同位切叠式。两期河道砂体向中间方向厚度变化不明显，但中间部分砂体测井曲线呈现明显回返，显示出两期河道砂体叠加，第二期河道对第一期河道切割，小层顶面拉齐后高程差不明显。

（3）不同期同位叠加式。两河道砂体垂向上有明显的叠加关系，实际上是晚期的辫状沟道在原有沟道基础上再次叠加，也可以理解为原来辫状沟道的再次"复活"。

（4）孤立式。一种较为特殊的模式，两个单期河道中间有泥岩相隔，或两个单期河道叠加在一个较大河道之上，总体上和较大河道一起构成了河道微相。在不考虑下伏较大河道时，两个单河道砂体呈分离式。这种模式实际上在扇缘径流水道构型中较为常见。

以密井网区单井构型单元及界面的解释为基础，进行剖面构型表征，研究构型单元的规模及叠置关系（图2-10）。研究表明，扇顶的主体为砾石坝片状加积而成的厚度约15m的砾岩层。流沟和漫洪沉积规模较小，在槽流带和片流带中呈离散状分布。流沟宽度一般小于一个井距（井距为70m左右），漫洪细粒沉积宽度一般限于两个井距，为100~200m。

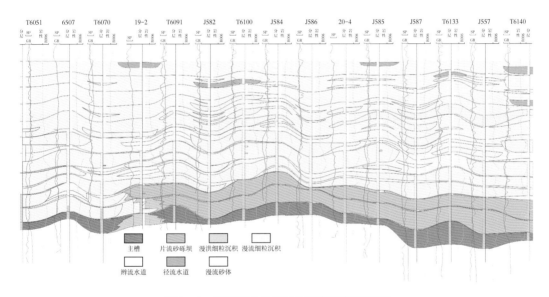

图 2-10　密闭取心井区冲积扇剖面构型特征

第三节　储层非均质性研究

储层非均质性是指油气储层在沉积、成岩以及后期构造作用的综合影响下，储层的空间分布及内部各种属性的不均匀变化。碎屑岩储层由于沉积和成岩后生作用的差异，其岩石矿物组成、基质含量、胶结物含量均不相同，影响到孔隙形状和大小及储层物性的变化，形成储层层间、平面和层内的非均质性。

一、层间非均质性

层间非均质性是指各砂层组内小层或单砂层之间的垂向差异性，包括层组的旋回性、各小层或单砂层渗透率的非均质程度、隔夹层的分布等，是对一套砂泥岩互层的含油层系的总体研究，属于层系规模的储层描述。研究层间非均质性是划分开发层系、决定开采工艺的依据，同时，层间非均质性是注水开发过程中层间干扰和水驱差异的重要原因。

由于不同微相具有不同的储层物性特征，而垂向上相变频繁，导致层间物性的较大差异。从六中区克下组各小层的沉积相、砂体厚度、孔隙度和渗透率的分布来看，不同沉积旋回内部具有不同的非均质程度。从表 2-2 可以看出，下部中期旋回（S_7^3、S_7^4）砂砾岩厚度大，分布范围广，储层物性较好，往上砂体变薄，分布较窄，储层物性变差。

从非均质程度对三级旋回内部层间非均质性进行定性和定量描述，主要通过计算非均质参数来表示，主要包括渗透率变异系数、渗透率突进系数和渗透率级差。

（1）渗透率变异系数：表征砂层内渗透率的离散程度。渗透率变异系数用一定井段的各单砂层渗透率的标准偏差与其平均值的比值来计算：

$$V_K = \frac{\sqrt{\sum_{i=1}^{n} (K_i - \overline{K})^2 / n}}{\overline{K}} \tag{2-1}$$

式中　V_K——渗透率变异系数；

　　　K_i——层内某样品的渗透率值，i=1，2，3，…，n；

　　　$\overline{K}$——层内所有样品渗透率的平均值。

当 $V_K < 0.5$ 时，为均匀型，表示非均质程度弱；当 $0.5 \leqslant V_K \leqslant 0.7$ 时，为较均匀型，非均质程度中等；当 $V_K > 0.7$ 时，为不均匀型，非均质程度强。

（2）渗透率突进系数：表征储层内高渗透段与储层平均物性的差异程度。渗透率突进系数用最大渗透率（K_{max}）与平均渗透率（$\overline{K}$）的比值来计算：

$$T_K = \frac{K_{max}}{\overline{K}} \tag{2-2}$$

式中　T_K——渗透率突进系数；

　　　K_{max}——层内最大渗透率；

　　　$\overline{K}$——层内所有样品渗透率的平均值。

渗透率突进系数是一个大于 1 的数，其值越大表示非均质性越强。当 $T_K < 2$ 时，为均匀型；当 $2 < T_K < 3$ 时，为较均匀型；当 $T_K > 3$ 时，为不均匀型。

（3）渗透率级差：表征储层内渗透率的总体差异程度。渗透率级差用一定井段内最大渗透率（K_{max}）与最小渗透率（K_{min}）的比值来计算：

$$J_K = \frac{K_{max}}{K_{min}} \tag{2-3}$$

式中　J_K——渗透率级差；

K_{max}——层内最大渗透率；

K_{min}——层内最小渗透率。

$J_K \geq 1$。数值越大，储层非均质性越强；数值越接近于1，储层越趋近于均质。渗透率级差越大，反映渗透率的非均质性越强，反之非均质性越弱。

表2-2　六中区克下组各小层储层参数统计

储层参数		砂体厚度（m）			孔隙度（%）			渗透率（mD）		
		最小值	平均值	最大值	最小值	平均值	最大值	最小值	平均值	最大值
上部中期旋回	S_6^1	0.5	1.2	2.6	5.1	14.2	32.2	3.28	106.2	443.8
	S_6^2	0.4	1.2	3.2	3.8	14.3	29.9	2.41	103.0	853.3
	S_6^3	0.5	1.4	4.6	3.9	16.0	29.3	2.51	170.7	833.5
中部中期旋回	S_7^1	0.6	1.9	5.9	4.8	17.5	32.1	3.5	218.7	948.5
	S_7^{2-1}	0.6	1.9	5.5	3.9	18.7	31.0	2.45	296.6	2016.6
	S_7^{2-2}	0.8	2.6	6.0	4.4	21.4	30.2	3.14	478.71	2050.3
	S_7^{2-3}	1.1	2.8	6.7	7.9	22.3	42.2	6.85	493.7	2250.1
下部中期旋回	S_7^{3-1}	1.4	2.8	7.7	8.5	22.1	40.7	7.5	492.1	1803.1
	S_7^{3-2}	1.6	3.0	10.5	6.9	22.0	38.6	5.2	487.2	2477.4
	S_7^{3-3}	1.6	3.5	11.2	3.6	20.9	32.1	2.2	423.9	2581.8
	S_7^4	1.5	3.2	8.2	5.6	17.5	30.8	3.7	234.9	2150.79

从表2-3可以看出，S_7砂组层间非均质性很强，渗透率变异系数分布范围为0.63~3.52，平均值为1.64；渗透率突进系数分布范围为1.9~24.1，平均值为9.1；渗透率级差分布范围为11.3~1385.4，平均值为750.1。中部中期旋回比下部中期旋回非均质性稍强。

表2-3　六中区克下组各三级旋回内部层间非均质性特征

层间非均质性	渗透率变异系数		渗透率突进系数		渗透率级差	
	分布范围	平均值	分布范围	平均值	分布范围	平均值
中部中期旋回	0.24~3.64	1.54	1.4~22.5	7.3	2.3~1301.9	405.8
下部中期旋回	0.41~2.61	1.25	1.5~19.0	5.7	6.9~1367.4	389.7
S_7砂组	0.63~3.52	1.64	1.9~24.1	9.1	11.3~1385.4	750.1

通过编制S_7砂组中部和下部中期旋回之间非均质性程度的平面分布图（图2-11至图2-16）可知，在中部中期旋回，小面积井区层间非均质性很强，渗透率变异系数大于1.5，渗透率突进系数高于6.0，渗透率级差大于400，六中中井区非均质性相对较弱；在下部中期旋回储层非均质性较弱，大面积井区、小面积井区及六中北井区部分地区非均质性较强，其余井区非均质性相对较弱。

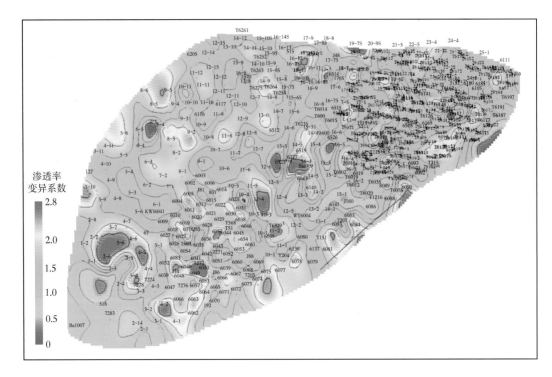

图 2-11　六中区克下组中部中期旋回（S_7^1、S_7^2）渗透率变异系数分布图

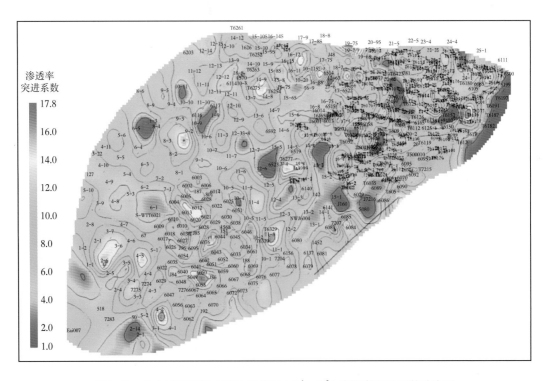

图 2-12　六中区克下组中部中期旋回（S_7^1、S_7^2）渗透率突进系数分布图

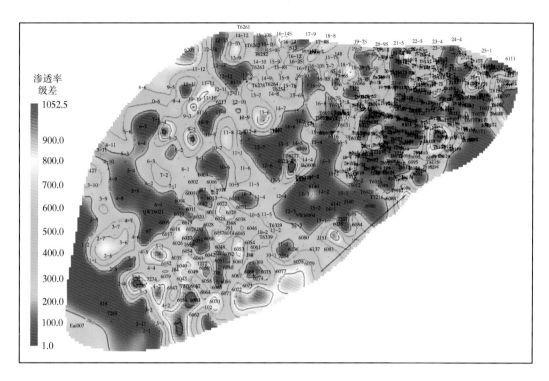

图 2-13　六中区克下组中部中期旋回（S_7^1、S_7^2）渗透率级差分布图

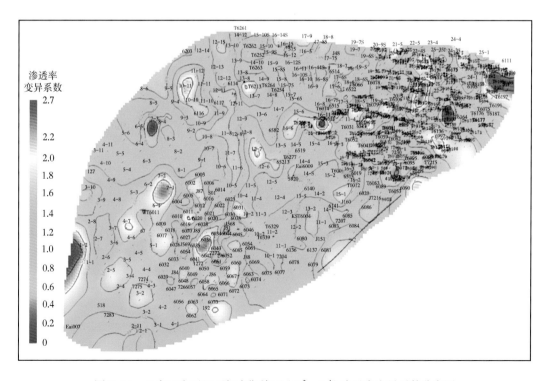

图 2-14　六中区克下组下部中期旋回（S_7^3、S_7^4）渗透率变异系数分布图

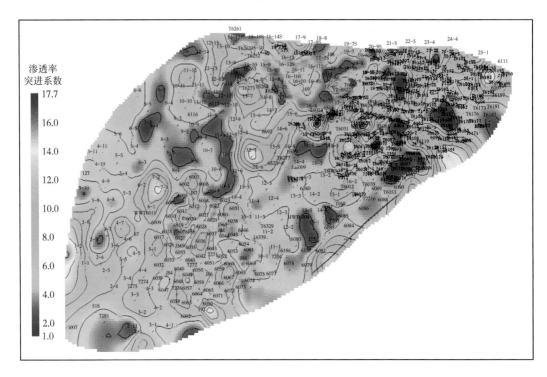

图 2-15　六中区克下组下部中期旋回（S_7^3、S_7^4）渗透率突进系数分布图

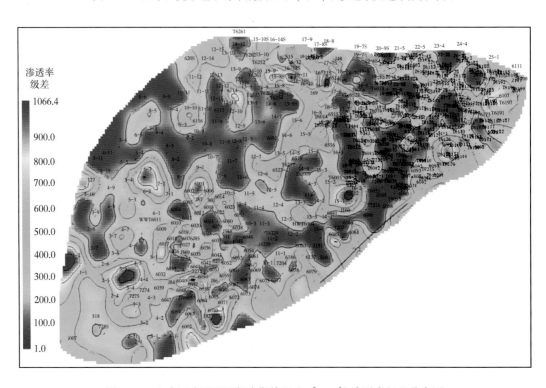

图 2-16　六中区克下组下部中期旋回（S_7^3、S_7^4）渗透率级差分布图

二、平面非均质性

平面非均质性是指由于砂体的几何形态、规模、连续性、孔隙度和渗透率的平面变化所引起的非均质性，其对井网布置、注入水的平面波及效率和剩余油的平面分布有很大的影响。

储层平面非均质性主要受控于沉积相。研究区储层砂体主要为辫流带砂体，单一砂砾岩体延伸方向基本与水流方向一致，呈北东向和北北东向展布，顺水流向砂体厚度稳定，延伸远，而垂直水流方向侧向厚度变化快，连通性差。不同微相及同一微相不同部位的储层质量有较大的差异，导致连通体内部储层质量的侧向差异性。通过相控储层参数插值，建立了研究区两个小层（或单层）的孔隙度、渗透率的平面分布模型（图2-17、图2-18）。

从各小层（单层）孔渗平面分布图可以看出，中部中期旋回（S_7^1—S_7^2）内各小层以条带状砂体为主，孔隙度、渗透率的平面变化具有一定的方向性。顺物源方向，物性变化较平缓；而垂直物源方向，渗透率变化迅速。不同沉积微相物性存在较大差异，辫流水道储层物性好，一般孔隙度大于18%，渗透率大于200mD，漫流沉积的储层物性普遍变差。同一微相内部储层物性也存在差异，就辫流水道沉积而言，对于每期水道沉积，中心厚度大，向两侧变薄；中心孔隙度、渗透率高，向两侧降低。

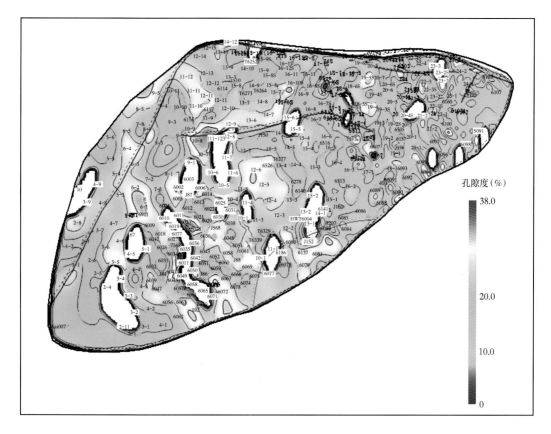

图 2-17　S_7^{2-3} 单层孔隙度分布图

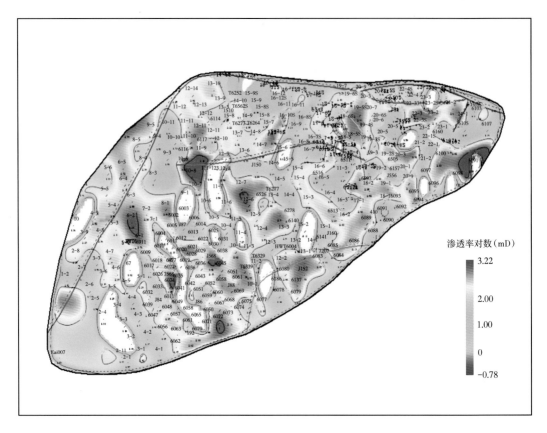

图 2-18　S_7^{2-3} 单层渗透率分布图（渗透率取对数后作图）

下部中期旋回（S_7^3—S_7^4）内部各小层砂体大都连片分布，除 S_7^4 小层物性相对较差外（泥质含量相对较高），平面上物性变化不大，孔隙度一般大于 20%，渗透率一般大于 400mD。其中，S_7^{3-3} 单层储层非均质性最强。储层砂体厚度最小 0.16m，最大 11.2m，平均值为 3.5m；孔隙度一般为 3.6%~32%，平均值为 20%；渗透率一般为 2.26~2581mD，平均值为 423mD。

三、层内非均质性

层内非均质性是指在单砂层规模内储层性质在垂向上的变化，是控制和影响砂层组内一个单砂层中注入剂向上波及体积的关键因素。砾岩储层中发育最普遍的是复合韵律，突出的特点是渗透率变化具有跳跃性，渗透率级差达 6.1~1652 倍。砾岩储层中高渗透段占储层厚度比例较低，且多位于储层中部。

1. 层内韵律性

冲积扇储层层内沉积韵律以正韵律为主，但由于水动力条件和气候、构造等因素的变化，沉积韵律也表现出多样性，主要为正韵律型和复合韵律型两类。

正韵律型：高渗透率相对均质段位于砂体底部，向上逐渐变小。洪水来临时，水动力强，粗粒砂体沉积于底部。随着水动力减弱，后期沉积较细粒物质覆盖在粗粒物质之上形成下粗上细的正韵律（图 2-19）。

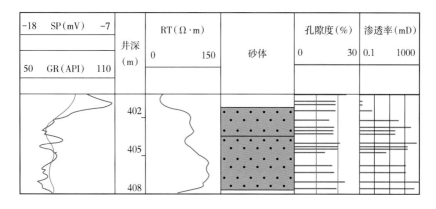

图 2-19　渗透率正韵律

复合韵律型：主要由两个以上单一正韵律或正韵律和反韵律叠加组成。由于不同期洪水间歇期间沉积的细粒物质，中间出现物性较差的沉积。高渗透带分布在单一正韵律砂体的中下部或反韵律砂体的中上部，正韵律砂体顶部和反韵律砂体底部物性相对较差（图 2-20 ）。

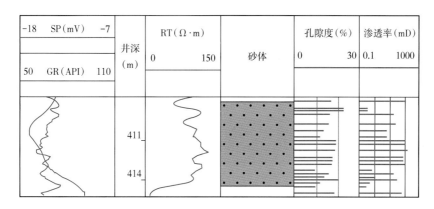

图 2-20　渗透率复合韵律

2. 层内非均质性程度

研究表明，克下组各层的层内非均质性均很强，渗透率变异系数均大于 0.7（图 2-21），渗透率突进系数均大于 3（图 2-22），渗透率级差均大于 200（图 2-23）。其他 S_6 砂组层内非均质性较强，中部中期旋回相对较弱。

四、储层微观非均质性

模态是储层结构的理论化、模式化。美国地质学家 Clarke（1979）在研究砾状砂岩充填结构的基础上提出了双模态的概念，并建立了双模态结构岩石的孔隙度和渗透率的表达式。根据砾岩储层的结构特点，把双模态的定义更推广了一步，提出了复模态的概念（图 2-24 ）。

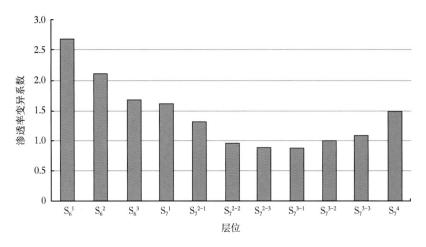

图 2-21　各小层层内渗透率变异系数分布直方图

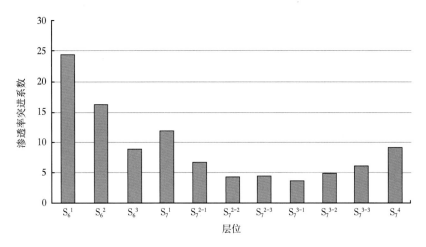

图 2-22　各小层层内渗透率突进系数分布直方图

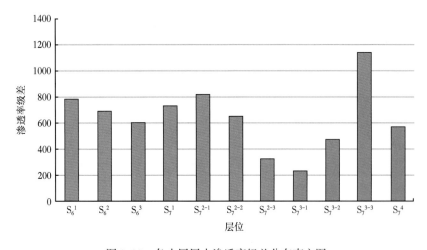

图 2-23　各小层层内渗透率级差分布直方图

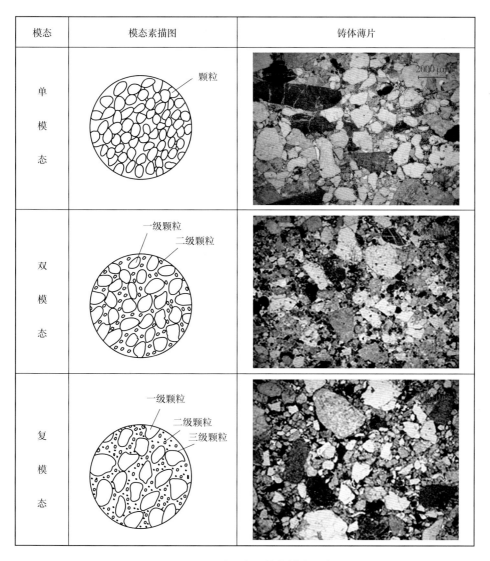

图 2-24　砾岩储层岩石结构模态示意图

（单模态：T71721，1087.45m，S_7^{2-3} 单层。双模态：砂砾岩，T71839，1401.24m，S_7^{3-2} 单层。

悬浮式：含砾粗砂岩，T71911，1155.22m，S_7^{3-1} 单层）

1. 单模态岩石颗粒堆积方式

由等粒级颗粒如砾或砂等堆积而形成的岩石称为单模态结构岩石，其孔隙和喉道的大小与颗粒的大小及其堆积角 θ 相关，颗粒及堆积角越大，则孔喉越大。单模态结构岩石的孔隙度与颗粒大小无关，只与堆积角有关，最疏松堆积角（$\theta=90°$）时，孔隙度为 47.64%；最紧密堆积（$\theta=60°$）时，孔隙度为 25.95%。渗透率则与颗粒大小和堆积角紧密相关，且受堆积角的影响比孔隙度受堆积角的影响更大。单模态结构的岩石在砾岩储层相对比较少见，比如小砾岩、粗砂岩、中砂岩等。

（a）细粒小砾岩(T71721井，1087.45m，S_7^{2-3}单层)　　（b）细粒小砾岩(T71839井，1391.89m，S_7^{2-3}单层)

图 2-25　单模态岩石颗粒堆积方式

单模态岩石颗粒以小砾石、粗砂岩居多，多呈次棱角—次圆状（图 2-25）。岩石颗粒之间排列定向性较差，颗粒之间呈混杂状堆积，较紧密，由于颗粒之间充填有少量填隙物，岩心实测孔隙度小于 25.95%。这类岩石物性较好，是砾岩储层中的优质储层。

2. 双模态岩石颗粒堆积方式

双模态岩石结构由 Clarke 于 1979 年首次提出，它是指一级颗粒组成的骨架中充填较细的二级颗粒的结构，由卵砾和砂粒组成的砾岩和砾状砂岩通常具有这种结构。双模态岩石结构又分为双模态悬浮结构和双模态充填式两种，前者表明二级颗粒含量较高，较粗的一级颗粒漂浮在二级颗粒之上，比如含砾砂岩、砂质粉砂岩等；后者表明二级颗粒较少，分散地充填在一级颗粒骨架中，比如典型的粗砂岩、不等粒砂岩等。在砾岩储层中较常见的是双模态充填式结构（图 2-26）。

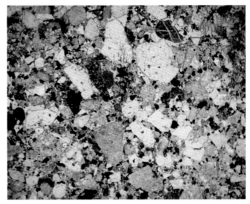

（a）充填式（含砾粗砂岩，T71721井，1063.21m，S_6^4小层)　　（b）悬浮式（砂砾岩，T71839井，1401.24m，S_7^{3-2}单层)

图 2-26　双模态岩石颗粒堆积方式

双模态岩石的孔隙度与一级颗粒的堆积角和二级颗粒含量相关。一级颗粒堆积角越小，或二级颗粒的含量越高，则孔隙度越小。渗透率除与一级颗粒堆积角和二级颗粒含量有关外，还与一级颗粒粒径的平方成正比。双模态结构岩石的孔隙度和渗透率均小于单模态结构的孔隙度和渗透率。

3. 复模态岩石颗粒堆积方式

刘敬奎（1986）在研究克拉玛依砾岩储层复杂的结构时提出了复模态的概念，即在以砾石为骨架形成的孔隙中，部分或全部为砂粒所充填，而在砂粒组成的孔隙中，又部分地充填亚黏土级和黏土颗粒（图 2-27）。罗明高（1991）称这种结构为三模态结构，并根据二级颗粒或三级颗粒含量的高低，分为三模态悬浮式和三模态充填式两种。复模态结构岩石颗粒分选差、孔隙结构复杂，相同成岩作用条件下，比其他模态岩石的物性差。悬浮式复模态岩石富含泥质、粉砂质等颗粒，填隙物含量高，这类模态储层质量差，比如含泥砂质砾岩、含砾砂岩、砂砾质泥岩等过渡类型岩石。充填式复模态砂砾泥三级颗粒，且砾石颗粒占优，砂砾颗粒形成岩石骨架，少量泥质充填，主要岩石类型包括不等粒砾岩、砂质砾岩、泥质砾岩等过渡类型岩石，与悬浮式复模态岩石相比，泥质和砂质组分相对较少。

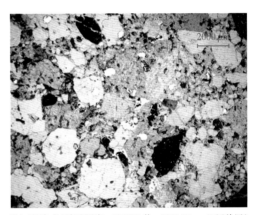

（a）悬浮式（含砾粗砂岩，T71911井，1155.22m，S_7^{3-1}单层）　　（b）充填式（砂质砾岩，T71911井，1161.56m，S_7^{3-2}单层）

图 2-27　复模态岩石颗粒堆积方式

由于二级颗粒和三级颗粒含量的影响，复模态岩石的孔隙度明显降低，而且喉道半径减小、渗流通道迂曲度增加，因而使渗透率很低。典型的复模态岩石为砂砾岩、砂质砾岩、含泥砂质砾岩、不等粒砾岩等。

七东$_1$区铸体薄片观察显示，充填式复模态岩石较致密，孔隙基本不发育；而悬浮式复模态岩石发育一定量的孔隙，但分布不均匀。

五、夹层分布特征

研究区层内夹层分布特征如图 2-28 所示，具体特征描述如下：

（1）S_7^2、S_7^1 砂砾岩体之间夹层数少而薄，夹层平面延伸距离一般小于 125m。

（2）S_7^4、S_7^3 砂砾岩体之间夹层比较发育，夹层平面延伸距离一般为 125~250m。

（3）由下向上钙质夹层减少，泥质夹层增加。

（4）泥质夹层和流沟分布在韵律的顶部，在剖面上呈交错分布特点，泥质夹层厚度和密度从 S_7^4 向 S_7^{3-2} 逐渐增大（图 2-29、图 2-30）。

（5）钙质胶结致密段常见于韵律底部中砾岩和顶部流沟含砾粗砂岩中，钙质夹层厚度和密度从 S_7^4 向 S_7^{3-2} 逐渐减小（图 2-29、图 2-30）。

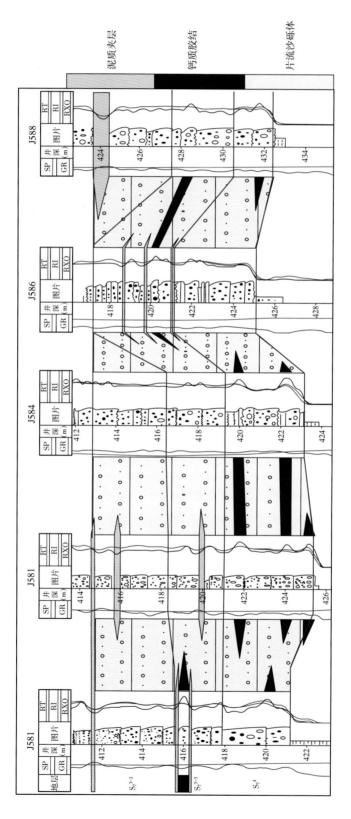

图 2-28　取心井顺物源剖面夹层分布特征

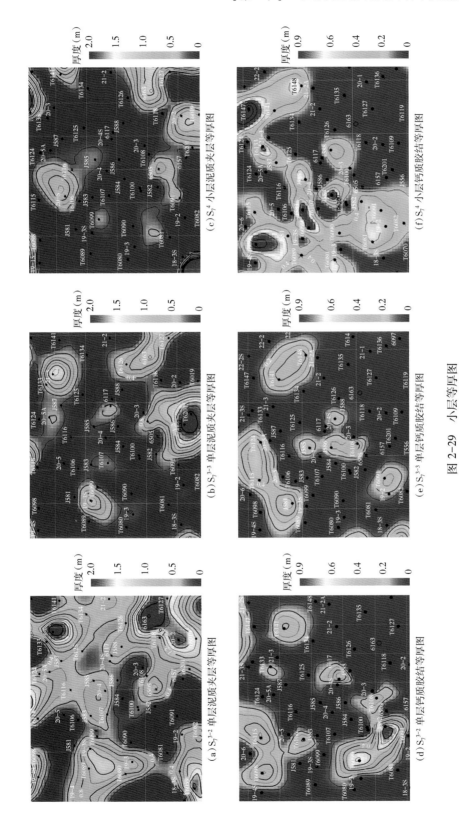

图 2-29 小层等厚图

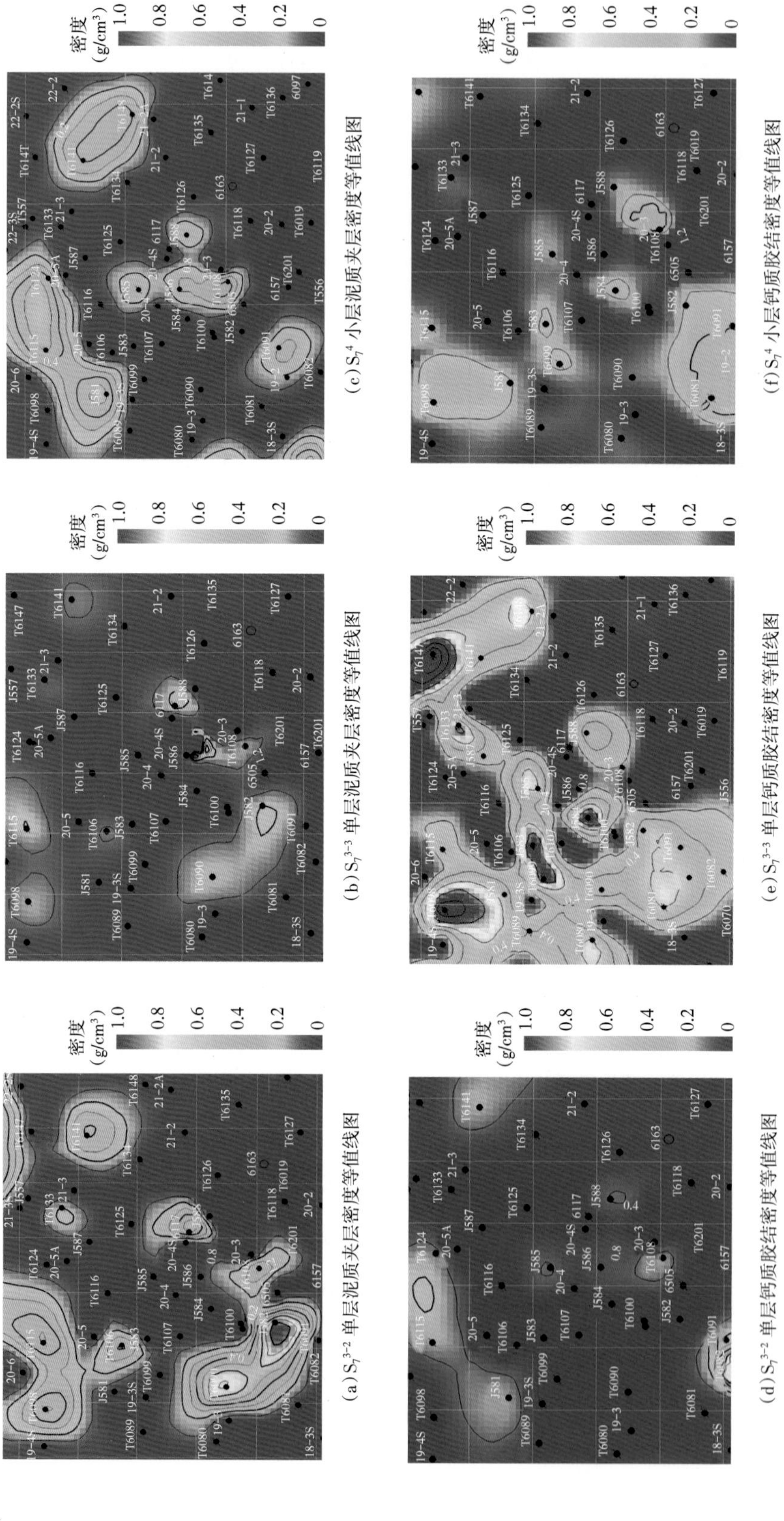

(a) S_7^{3-2} 单层泥质夹层密度等值线图

(b) S_7^{3-3} 单层泥质夹层密度等值线图

(c) S_7^4 小层泥质夹层密度等值线图

(d) S_7^{3-2} 单层钙质胶结密度等值线图

(e) S_7^{3-3} 单层钙质胶结密度等值线图

(f) S_7^4 小层钙质胶结密度等值线图

图 2-30　小层密度等值线图

第三章　冲积扇砾岩储层构型建模方法优选

第一节　实验区地质概况

六区位于克拉玛依油田的东北部，克—乌断裂的上盘，西白—百断裂的下盘。六区可进一步划分为六西区、六中区和六东区，其中六中区为一个断块—背斜油田，西南与七区毗邻并以克—乌断裂为界，东北以白碱滩北断裂为界（图 3-1）。

六中区克下组油藏埋藏深度为 350~850m，超覆于古生界之上。按埋藏深度、构造特点、原油黏度以及开采范围，又细分为大面积区、小面积区、六中东区、六中中区、六中北区、J151 区和 127 区 7 个井区（图 3-2）。

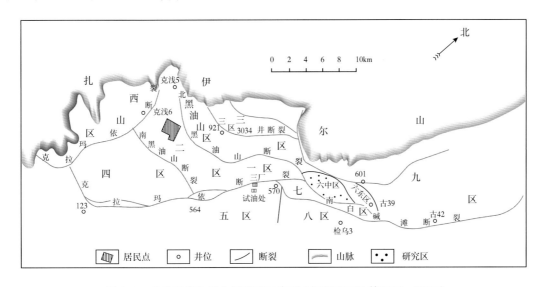

图 3-1　克拉玛依油田分区平面示意图（据新疆石油管理局，2007）

一、沉积背景

海西运动至印支运动期间，由于西伯利亚板块与塔里木板块收敛，处于其间的准噶尔地块受到南北两个方向的挤压力。挤压力的不均衡性迫使准噶尔地块向北、向西推移，造成准噶尔盆地西北缘一系列逆冲和逆掩断裂。准噶尔盆地西北缘前陆冲断带，介于西准噶尔褶皱山系与准噶尔地块之间，长 250km，宽 20km，面积约 5000km²，西南至东北分别由首尾相接、向盆地外凸的车排子—红山嘴断裂带、克拉玛依—百口泉断阶带、乌尔禾—夏子街断褶带。印支运动期间，哈拉阿拉特山急剧抬升，断裂活动增强，地形反差增大，在盆地西北缘沿着与扎依尔山垂直的方向发育了一系列的山间深切谷，形成风化产物向南搬运的主要通道。

在盆地西北缘向盆地腹部，早三叠世沉积了洪冲积扇—河湖三角洲—水下扇红色粗碎屑体系；中三叠世为冲积扇—水下扇—扇三角洲—三角洲和滨浅湖混合沉积体系；晚三叠世，以巨厚的滨浅湖相泥岩沉积为主，其次发育冲积扇—扇三角洲体系。西北缘克拉玛依组沉积期间，各类扇体的沉积分布受不同时期同沉积断裂活动的控制。

表 3-1 研究区克下组地层划分方案（据吴胜和等，2012）

组	砂组	小层	单层	单元	亚相	微相
克下组	S_6	S_6^1			扇缘	径流水道、漫流砂体、漫流细粒沉积
		S_6^2				
		S_6^3				
	S_7	S_7^1			扇中	辫流水道、漫流砂体、漫流细粒沉积
		S_7^2	S_7^{2-1}	S_7^{2-1a}		
				S_7^{2-1b}		
			S_7^{2-2}	S_7^{2-2a}		
				S_7^{2-2b}		
			S_7^{2-3}	S_7^{2-3a}		
				S_7^{2-3b}		
		S_7^3	S_7^{3-1}	S_7^{3-1a}		
				S_7^{3-1b}		
			S_7^{3-2}		扇顶外带	主槽（侧缘槽）、片流砂砾体、漫洪砂体、漫洪细粒沉积
			S_7^{3-3}			
		S_7^4			扇顶内带	

钻井和露头资料表明，克拉玛依油田克下组与石炭系呈不整合接触，缺失二叠系和下三叠统百口泉组。自下而上发育石炭系、三叠系克下组、上克拉玛依组（简称克上组）、白碱滩组、侏罗系八道湾组、三工河组、西山窑组、头屯河组、齐古组、白垩系吐谷鲁群、古近系—新近系和第四系。克下组为本次研究的目的层，整体为一个长期正旋回，平均厚度为 60m，底部超覆于石炭系之上，上覆地层主要为克上组，局部地区与侏罗系齐古组呈不整合接触。根据新疆油田分公司提供的分层方案（表 3-1），研究区克下组分为 S_6 和 S_7 两个砂组，并进一步划分为 7 个小层、11 个单层、15 个单元。

克下组储层整体为一套粗碎屑沉积，岩性以中砾岩、细—中砾岩、细砾岩和粗砂岩为主，碎屑粒度粗，自下而上岩性由粗变细，呈正旋回特征。砾石成分主要为火山岩岩屑、变质岩岩屑和砂泥团块；砂质成分中的火山岩、变质岩和长石总体含量大于 50%。碎屑分选差至中等，磨圆较差，以次棱角状和次圆状为主，胶结疏松。整体成分成熟度和结构成熟度低，重矿物以钛铁矿、褐铁矿为主，呈现近源短距离搬运和快速堆积的特征。前人曾对研究区克下组沉积相类型进行过大量的研究，认为其属于洪积扇沉积，即干旱型冲积扇沉积。

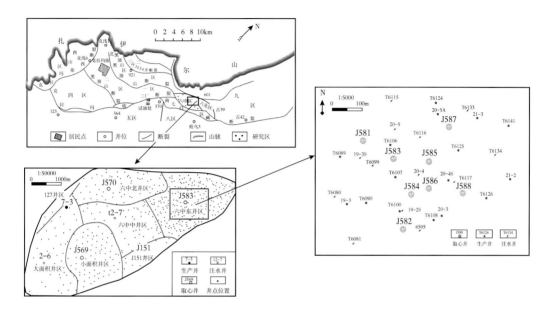

图 3-2 研究区位置图

二、相带划分及识别标志

取心井岩心观察发现洪积、泥石流沉积等沉积构造标志。前人认为克下组属于洪积扇沉积（张纪易，1980，1985；郑占等，2010；吴胜和等，2012），即干旱型冲积扇沉积。按照三端元分类属于碎屑流向辫状水道过渡的冲积扇，按照层序归属于退积型冲积扇（郑占等，2010；印森林等，2013）。准噶尔盆地西北缘克下组发育冲积扇和扇三角洲沉积体系。沿扎伊尔山前，发育多个冲积扇，构成冲积扇群。研究区（六中区）为其中 1 个扇体（图 3-3）。研究结果表明，研究区主要可以识别出 1 个大相、3 个亚相和 7 个微相，其中主槽微相实际上内部可细分为流沟、槽流砾石坝次级单元，相当于储层构型的 3 级构型单元；辫流水道内部可细分为辫流沟道和辫流沙坝两个次级单元，相当于储层构型的 3 级构型单元，这几个 3 级构型单元后面将详细介绍。

1. 扇顶

扇顶位于冲积扇的顶端，为邻近山口的局部区域，亦称为内扇，是冲积扇粒度最粗、地层厚度最大的部分。岩石相以中砾岩相、细—中砾岩及中—细砾岩为主，泥岩相占很少的比例，一般小于 10%。由于搬运的距离较近，碎屑物分选、磨圆差，结构成熟度低。沉积物混杂堆积，碎屑支撑，呈块状或不明显的粒序层理，主要为碎屑流沉积物。平均厚度为 15m 左右，总体向上粒度变细，中砾岩含量变少，为正旋回。扇顶在横剖面上呈向上和向下微凸的透镜状。

根据砾岩体分布形态及粒度特征，可将扇顶进一步分为扇顶内带和扇顶外带。

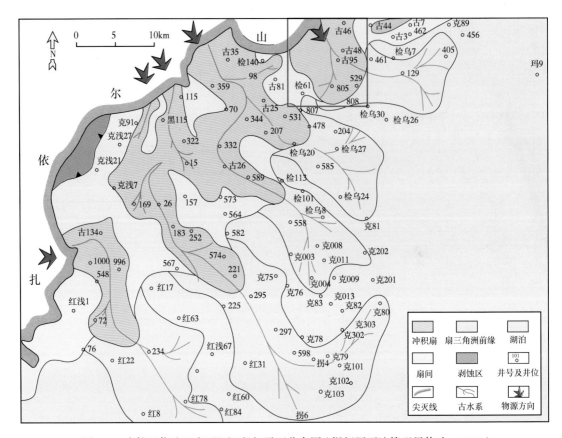

图3-3　克拉玛依油田克下组沉积相平面分布图（据新疆石油管理局修改，2007）

1）扇顶内带

分布于冲积扇顶部，沉积坡度角大，槽流搬运，快速堆积，形成砂砾岩体。位置靠近山口，分布范围受基岩的围限，平面呈槽带状，形成槽流沉积带，剖面呈向下微凸的透镜状。内带靠近物源，碎屑粒度粗，岩石相主要为中砾岩相及细—中砾岩相。

扇顶内带岩电识别标志（图3-4）如下：

（1）剖面结构：中砾岩体夹细粒沉积。

（2）电性：电阻率、声波和密度呈箱形或钟形，自然电位呈漏斗形。

（3）岩性：岩石粒度粗，中砾岩发育，混杂堆积，块状构造，分选和磨圆较差，可见泥石流沉积。

（4）平面分布：扇顶端，受限于槽谷，呈"喇叭口"状分布。

2）扇顶外带

位于扇顶的远源一侧，平面呈发散片状，形成片流沉积带，剖面呈向上微凸的薄透镜状。外带为洪水冲出基岩围限的主槽在开阔空间的展开，平面上呈发散片状，在顺源剖面上呈楔形。碎屑沉积物的粒度比内带细，主要为中—细砾岩相沉积。

扇顶外带岩电识别标志（图3-5）如下：

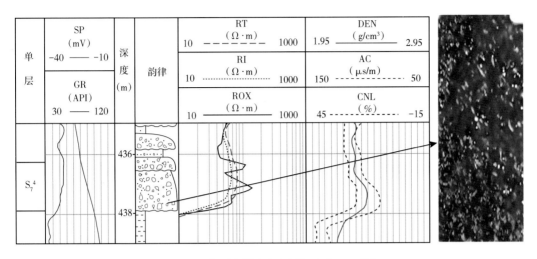

图 3-4　扇顶内带岩电识别标志（J582 井）

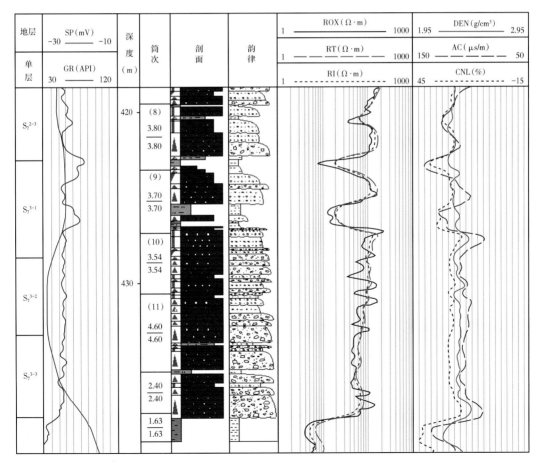

图 3-5　扇顶外带岩电识别标志（J582 井）

（1）剖面结构：厚层偏粗细砾岩体夹薄层泥岩、粉细砂岩。

（2）电性：电阻率曲线呈漏斗形。

（3）岩性：中—细砾岩为主，块状构造，分选和磨圆较差。

（4）平面分布：扇顶"喇叭口"之外，呈片状分布。

扇顶内带和外带的差异主要表现在砾岩体的分布形态和岩石相粒度不同，其沉积物搬运机制均为碎屑流，沉积构造相似。

2. 扇中

扇中亚相位于扇体中部，亦称为中扇，呈较宽的环带分布。随着洪水扩散面积增大，洪水的能量减弱，水流持续时间增长，扇顶碎屑流退化为扇中的辫流水道（牵引流），携带的碎屑物质粒度变细，分选、磨圆变好。

辫流水道岩石相主要为小细砾岩相和粗砂岩相，水道间则为漫流成因的泥岩相。在小细砾岩相和粗砂岩相中可见平行层理、板状交错层理和槽状交错层理。底部可见冲刷面、滞留砾石定向排列等典型的水道沉积构造。岩石相剖面组合结构为细砾岩相、粗砂岩相与泥岩相互层，其中泥岩占沉积剖面的40%~60%。砾岩体在横剖面上呈顶平底凸的透镜状。

扇中岩电识别标志（图3-6）如下：

（1）剖面结构：为小细砾岩、粗砂岩与泥岩互层，泥岩厚1m以上。

（2）电性：电阻率为多个钟形垂向叠加。

（3）岩性：以含砾粗砂岩和小细砾岩为主，分选和磨圆较好。

（4）可见平行层理、板状交错层理，可见砾石定向排列。

（5）砂体分布：呈条带状。

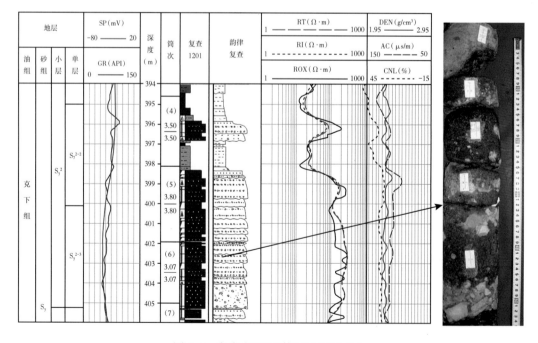

图3-6　扇中岩电识别标志（J584井）

3. 扇缘

扇缘亚相位于扇体的最外侧，亦称为外扇或扇缘。扇中辫流水道继续扩散至扇缘，大部分水道消失并以漫流的形式沉积细粒的泥岩（漫流沉积），只有小部分水道延续至扇缘，形成沿径向发散的窄水道沉积物，即径流水道。由于水流能量较弱，水道岩石相多为中—细砂岩相。扇缘是冲积扇中沉积物最细的部分，以泥岩相沉积为主，夹有薄层中—细砂岩相，但所占的比例很小，一般小于10%。

扇缘岩电识别标志（图3-7）如下：

（1）剖面结构：泥岩夹薄层中—细砂岩。

（2）电性：平直低阻，偶见尖峰。

（3）砂体岩性：主要为细砂岩、中—粗砂岩，少细砾岩，可见层理，分选和磨圆较好。

（4）砂体平面分布：呈条带状。

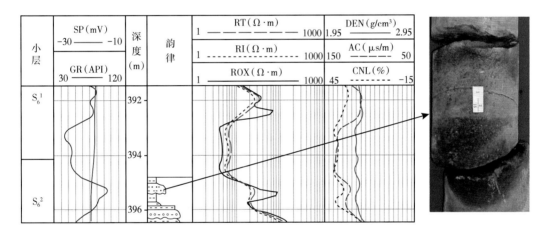

图3-7 扇缘岩电识别标志（J582井）

第二节 主流建模方法简介

储层地质建模已经成为油田生产开发中不可或缺的一环，各种建模方法的发展加速了地质模型在油田中的应用。现今主流的、相对成熟的构型建模方法有序贯指示模拟方法、截断高斯模拟方法、基于目标的模拟方法及多点地质统计学模拟方法等，不同的建模方法有不同的特点，适用于不同的沉积特征。下面对几种主流建模方法原理进行简单介绍。

一、序贯指示模拟方法

1. 基本原理

序贯指示模拟是指示模拟的典型代表，是一种应用比较广泛的随机模拟方法，既可用于连续变量的模拟，又可用于离散或类型变量的模拟。该方法不受正态分布假设的约束，通过一系列的门槛值，估计某一类型变量或离散化的连续变量低于某一门槛值的概率，以此确定随机变量的分布。序贯指示模拟实现的关键技术是指示变换、指示克里金和序贯模拟。

在进行模拟计算之前，首先要进行指示变换，即根据不同的门槛值把原始数据编码成 0 或 1 的过程。设 $Z(x)$ 为 x 处的参数值，对于门槛值为 Z_0 的指示变换可写成：

$$I(Z_0, Z) = \begin{cases} 1 & Z \leqslant Z_0 \\ 0 & Z > Z_0 \end{cases} \qquad (3-1)$$

假定对变量 Z 进行观测时外界条件不变，对变量 Z 进行 n 次观测，得到 Z_i（$i=1$，2，$\cdots$，n）。当 n 值较大时，可以用 $Z_i < Z_0$ 的个数与 n 的比值来表示变量 $Z < Z_0$ 的概率。

在实际地质研究中，在某一点上对变量一般只取一个观测值。通常假定随机过程是二阶平稳的。因此，当样本容量 n 较大时，可以利用 Z_i（第 i 个样本的变量值）$\leqslant Z_0$ 的个数与样本容量 n 的比值来表示变量 $Z < Z_0$ 的概率，即

$$F\{Z_0, Z | (n)\} = P\{Z \leqslant Z_0 | (n)\} = \frac{1}{n} \sum_{i=1}^{n} I(Z_0, Z_i) \qquad (3-2)$$

对于类型变量，同样可进行指示变换。对于模拟目标区内的每一类相，当它出现于某一位置时，指示变量为 1，否则为 0（即出现其他相类型时，该相的指示值为 0）。

指示值也可以是地质家的解释和推断，因此，可把不同种类和精度的信息都转化成 1 和 0 的数据，从而可以进行数据综合。

序贯指示模拟采用指示克里金来估计局部条件概率分布，指示克里金不同于其他克里金方法，它主要用作指示预测。该方法通常取待估样品周围一定范围内的样品进行估计，根据样品的相对位置及承载的大小而赋予不同的权值。此时，式（3-2）可以写成：

$$F\{z, x | (n)\} = [I(z, x)]^* = \sum_{i=1}^{n} a_i(z, x) \cdot I(z, x_i) \qquad (3-3)$$

式中　$[I(z, x)]^*$——预测的量；

　　$a_i(z, x)$——权值。

$a_i(z, x)$ 可通过解下列方程组求得：

$$\sum_{i=1}^{n} a_i(z, x) \cdot C_I(z, x_i - x_j) + \mu(z, x) = C_I(z, x - x_j), \quad j = 1, 2, \cdots, n$$

$$\sum_{i=1}^{n} a_i(z, x) = 1 \qquad (3-4)$$

就某一位置来说，对于每一个门槛值都对应着一个方程组。在变量 Z 的变化范围内，可以用 K 个门槛值对该范围离散化，因此要求解 K 个方程组才能求出离散的累积分布函数 $F\{Z_k, x | (n)\}$，对于 $[Z_k, Z_{k+1}]$ 之间的累积分布函数值可以用线性插值等方法求得，这样就

求出了待估处的局部条件概率分布。

2. 实现步骤

应用序贯指示模拟对 K 个离散变量 S_k ($k=1$, 2, $\cdots$, K) 进行条件模拟, 可按以下步骤进行:

(1) 将离散变量 S_k 进行指示变换, 变换成指示变量。

设 $i_k(u)$ 是 S_k 的指示值, 当 $u \in S_k$ 时 $i_k(u)$ 为 1, 否则为 0。所有的样品均保证 K 个离散变量是相互排斥的, 即保证下列关系式成立。

$$i_k(u)i'_k(u)=0, \qquad \forall k \neq k'$$

$$\sum_{k=1}^{K} i_k(u)=1 \qquad (3-5)$$

(2) 计算每种指示变量 $i_k(u)$ 的指示变差函数, 如果原始数据有丛聚效应时, 应先进行数据去丛聚效应处理。

(3) 进行序贯模拟, 模拟的主要步骤如下:

①确定随机访问每个网格节点路径。指定估计网格点的邻域条件数据 (包括原始 y 数据和先前模拟的网格节点的 y 值) 的个数 (最大值和最小值)。

②对指示变量 $i_k(u)$ 应用指示克里金来估计该节点处的变量类型属于 S_k 的概率。例如, 当采用简单指示克里金时, S_k 在节点 u 的概率为:

$$\text{Prob}^* \{ I_k(u)=1 | (n) \} = p_k + \sum_{\alpha=1}^{n} \lambda_\alpha [I_k(u_\alpha) - p_k] \qquad (3-6)$$

式中　p_k——通过推断得到的 S_k 指示协方差类型简单克里金的边缘频率, $p_k = E\{ I_k(u) \} \in [0,1]$;

λ_α——权系数, 由使用具有 S_k 指示协方差的简单克里金方程组给出。

③确定 k 个离散变量 S_k 的一个顺序 (如 1, 2, $\cdots$, K), 这个顺序定义了 k 个离散变量 S_k 在概率区间 [0, 1] 上的分布顺序。

④在 [0, 1] 上随机产生一个随机数, 确定该随机数对应的离散变量的类型, 即为该节点处的变量类型。

⑤用模拟值更新所有 k 个指示数据集, 并沿随机路径处理下一个网格节点, 直到每个节点都被模拟, 就可得到一个实现。

序贯指示模拟的输入参数主要为各变量所占的比例、各变量的指示变差函数模型及指示代码、条件数据、网格的划分等。

上述序贯指示模拟方法比较经典, 其中各变量的比例是面向全部网格的, 也就是说, 在模拟不同的网格节点时各变量的比例是不变的, 显然, 这种算法具有局限性。当存在局部变化时, 可应用具有趋势的序贯指示模拟方法 (SISTR)。SISTR 方法通过从地震资料和其他数据中提取信息, 从而为每一个模拟节点提供一个局部的各变量比例, 各变量的比例之和为 1。

二、截断高斯模拟方法

1. 基本原理

截断高斯模拟用于研究离散型变量，如沉积相（岩相），模拟结果可以体现相序的空间变化。Journel 等最早将其应用到 Saskatchewan 铀矿进行条件指示模拟。模拟过程是通过一系列门槛值及截断规则，对三维连续变量进行截断而建立离散变量的三维空间分布，门槛值可以根据实际情况随坐标的不同而发生变化。连续变量的三维空间分布采用高斯模拟方法（如序贯高斯模拟）构建。

设有 N 种岩相，每种岩相用一个指示函数来描述，对于第 i 种岩相，其指示值可用高斯随机函数 $Y(X)$ 来定义：

$$I(a_{i-1}<Y(x)\leqslant a_i)=\begin{cases}1 & Y(x)\in(a_{i-1},\,a_i]\\0 & 其他\end{cases} \tag{3-7}$$

（在此，$X\in D$ 为三维参照区块内的参照位置点）

因此，仅当 $Y(X)\in(a_{i-1},a_i]$ 时，点 X 属于第 I 种岩相，如果这些区间不相交并覆盖了整个实数空间 R，则可定义函数：

$$F(x)=\sum_{i=1}^{N}\text{cod}(i)I(a_{i-1}<Y(x)\leqslant a_i) \tag{3-8}$$

式中　cod（i）——第 i 种岩相的整数代码。

因此，仅当 x 位置属于相 i，即 $I(a_{i-1}<Y(x)\leqslant a_i)=1$ 时，$F(x)$ 在位置 x 取值 cod（i）

在此，a_i 称为截断值，这个方法的主要优点是：

（1）容易条件化。

（2）计算量少。

（3）它不但可以考虑同一岩相内部的相关性，又能考虑到不同岩相之间的相关，而这正是地质事件所具有的特征。

（4）从方法论的观点来看，指示值的理论变差函数与交互变差函数是相容的。

（5）使用的参数较少，另外也可以包含其他的外部信息。

2. 实现步骤

（1）确定概率百分比曲线 $P_k(u)$（图 3-8）。

$$P_k(u)=\text{Prob}\{u\in 类型 k\},k=1,2,\cdots,K \tag{3-9}$$

相应的 K-1 个门槛值曲线可通过下式确定：

$$\pi_k(u)=\sum_{k'=1}^{k}P_{k'}(u)\in[0,1],k=1,2,\cdots,K \tag{3-10}$$

$$\pi_0(u)=0\leqslant\pi_1(u)\leqslant\cdots\leqslant\pi_K(u)=1 \tag{3-11}$$

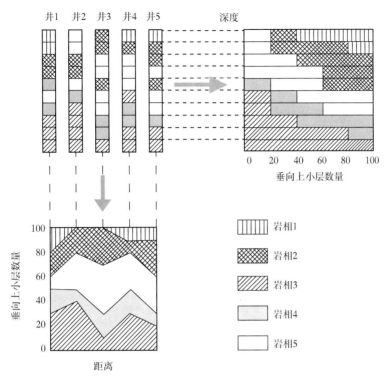

图 3-8　确定水平和垂直岩相概率原理图

那么门槛值曲线可由下式确定：

$$t_k(u) = G^{-1}(\pi_k(u)), \ k = 1, 2, \cdots, K-1 \qquad (3-12)$$

这里 $G^{-1}(\cdot)$ 是标准正态累积分布函数的逆：

$$G(y) = \mathrm{Prob}\{Y \leqslant y\} \qquad (3-13)$$

（2）将原始类型数据转换为伪高斯型数据 y 数据。

（3）高斯场模拟。

（4）利用门槛值曲线 $t_k(u)$ 对生成的高斯场实现截断（图 3-9），从而得到每个网格点处离散变量的值。

图 3-10 能够帮助理解截断高斯模拟的过程。有两口井，井间假设有三个网格柱子（要预测的）。截断高斯模拟的过程可以理解为以下步骤：

（1）根据已有井的微相数据统计每一种相类型的比例（概率），建立累积分布函数。图 3-10 中有三种相类型，黄色占 60%，红色占 30%，绿色占 10%，累积分布函数如图 3-10 右下部所示，概率值 [0，10%）属于绿色，[10%，40%）属于红色，[40%，1] 属于黄色。

（2）把累积概率函数中各个微相对应的概率区间中值分配给各个相类型，例如绿色的概率区间为 0~10%，因此把 5% 分配给绿色类型相，同理，红色是 25%，黄色是 70%。

（3）根据变差函数模型和已有的井微相数据（已经转换为连续变量，对应概率区间中值），采用插值方法（如序贯高斯模拟）对井间的 3 个网格柱子进行模拟。

（4）把模拟的概率值根据微相概率累积分布函数转换为相应的微相类型，如模拟值为47.5%，因为黄色的概率区间为［40%，1］，因此转换为黄色。

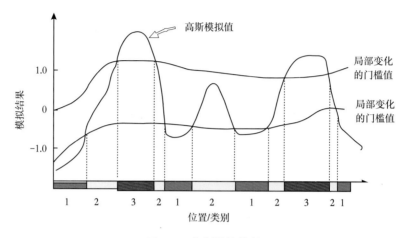

图 3-9　高斯域的截断

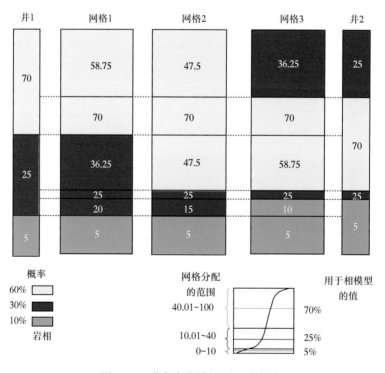

图 3-10　截断高斯模拟原理示意图

三、基于目标的模拟方法

基于目标的模拟方法通过对目标几何体形态（如长、宽、厚及其之间定量关系）的研究，在建模中直接产生目标体。通过定义目标的不同几何形状参数以及各个参数之间所具有的地质意义上的关系，真实再现储层的三维形态。

布尔模拟方法是基于目标的模拟方法中最简单的一种方法。该方法的基本思想是根据一定的概率定律，按照空间中几何物体的分布统计规律，产生这些物体中心点的空间分布，并通过多个随机函数的联合分布，确定中心点处的几何物体形状、大小和方向。Matheron（1966）最先将布尔模拟方法用于地质建模。

1. 基本原理

设 U 为坐标随机变量，X_k 是表征第 k 类几何物体几何特征（形状、大小、方向）的参数随机变量；第 k 类几何物体中心点的分布构成一点过程 U，它可以用形状随机过程 X_k 和表示第 k 类几何物体出现与否的指标随机过程 I_k 两者的联合分布"示性"，从而构成一示性点过程：

$$I_k(u, k) = \begin{cases} 1 & \text{当} u \in \text{第} k \text{类几何物体中心} \\ 0 & \text{其他} \end{cases} \quad （3-14）$$

其中，布尔方法就是依据一定的概率定律，按照空间中几何物体分布统计规律，产生这些物体中心点的空间分布，并通过 $2k$ 个随机函数 $X_k(u)$，$I_k(u, k)$（$k=1, 2, 3, \cdots, k; u \in$ 定义域）的联合分布，确定中心点在此处的几何物体形状、大小、属性。

依沉积学原理沉积砂体的横向宽度、厚度受其沉积时的水动力条件制约，两者之间存在一定的定量统计关系。假定钻井数足够大，钻井钻遇各砂体的厚度分布能反映砂体厚度总体分布，或通过详细的野外露头调查得到砂体厚度总体分布，则可以由测井等资料确定砂体厚度分布，通过宽厚比关系即可确定砂体大小分布。

砂体形状与砂体沉积类型有关。Suro-Pérez（1993）认为可以采用两种方法定义目标物体的几何形态，一种是采用参数函数进行定义，另一种是通过一组有限的坐标点集来表示。通常采用前一种方法，将砂体的形状简化为矩形、椭圆形、半椭圆形等。从油田开发的实际应用出发，做这种简化是可行的。因为对油田开发而言，最关心的问题一是砂体层间、层内非均质性，二是砂体的体积（或剖面、平面面积）大小。

砂体长轴与水平面的夹角主要取决于构造倾角。就油田开发应用而言，可以先按水平处理，最后考虑构造倾角。

根据不同的点过程理论，物体中心点在空间上分布可以是独立的，如泊松（Poisson）点过程，即布尔模型的概率分布理论，也可以是相互关联的，或排斥的，如吉布斯（Gibbs）点过程。在示性点完全随机的前提下，当目标位置相互独立、目标密度（单位储层体积内目标平均个数）为常数时，可以认为目标中心点位置符合平衡泊松点过程，以此为基础的模拟方法适合模拟砂岩背景上存在小尺度泥岩隔层，或在泥岩背景上存在小尺度孤立砂岩的情况。当目标位置既相互独立，又相互联系（如重叠）时，响应的点过程即为吉布斯点过程，以此为基础的模拟方法适合模拟河道砂岩带内各河道砂体相互镶嵌的现象，如模拟河流或河流三角洲及相关的沉积相带。

地质体很少是一种简单的形状，也很少按确定的随机分布规律随机地分布于地下。坐标位置点过程 U 的产生方法一般是完全随机地抽样。因此，当研究的目的主要是储层的非均质性时，尤其是在已知资料很少的情况下，随机抽样目标位置是可行的。当然，在随机产生坐标位置点时，考虑目标对象横向和垂向上的分布趋势、不同对象之间的相互关系等因素，得到的结果会更合理。

2. 实现步骤

以布尔模拟方法为例，实现的一般步骤如下：

（1）随机抽样产生预测砂体中心位置（X，Z）。

（2）判断是否与已知井位处的数据发生冲突，是则调整该砂体，使之不冲突；否则，进行下一步。

（3）从经验累积概率分布函数中随机抽取该砂体厚度。

（4）由已确定的厚度—宽度关系确定砂体宽度。

（5）计算目标函数值（Fs）：

$$Fs = \frac{砂体剖面面积}{剖面总面积} \qquad\qquad (3-15)$$

（6）转到步骤（2）产生另一个砂体，计算 Fs 值，直至达到给定阈值为止。

如果有必须满足的井数据，它们通常最先被匹配，如图 3-11 所示，并且在井间区域被模拟时，要小心避免与已知井位上的岩相序列相冲突。

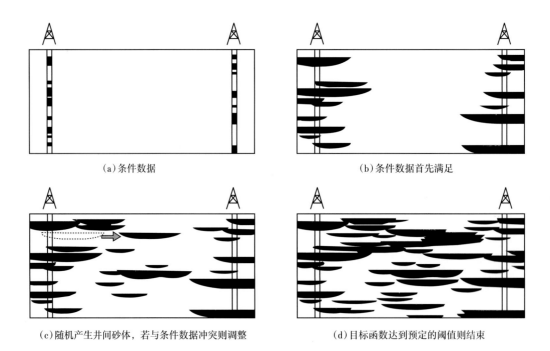

（a）条件数据

（b）条件数据首先满足

（c）随机产生井间砂体，若与条件数据冲突则调整

（d）目标函数达到预定的阈值则结束

图 3-11　布尔方法模拟河道砂体的步骤

在钻井数很多的情况下，目标函数 Fs 可按下列方式推导：

如图 3-12 所示，设 Δh 为剖面宽度，L 为剖面长度，n_s 为均匀细分剖面小段的个数，

Δh_z 为一个细分小段尺寸，h_i 为细分小段内截取的砂体厚度的平均值。又设 P_i 为第 i 细分小段内砂体钻遇率，即

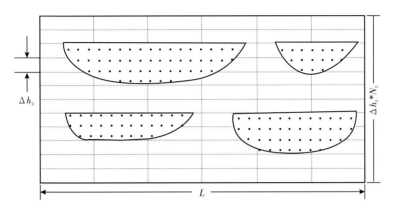

图 3-12   剖面细分小段参数示意图

$$P_i = \lim n_i / n \quad n \to \infty \quad\quad\quad (3\text{-}16)$$

式中　n_i——第 i 细分小段内钻遇砂体的井数；

　　　n——钻井总数。

$$P_i = \lim_{n \to \infty} n_i / n = 常数 = L_{si} / L \quad\quad\quad (3\text{-}17)$$

式中　L_{si}——第 i 细分小段内截取的砂体累计长度。

第 i 细分小段内截取的砂体累计面积为：

$$(S_s) = P_i L h_i \quad\quad\quad (3\text{-}18)$$

当 Δh_z 足够小时，$\Delta h_z = h_i$，第 i 细分小段内截取的砂体面积百分数为：

$$\text{Prop}i = \lim_{\Delta h_z \to 0} S_s / (L \cdot \Delta h_z) = \lim_{\Delta h_z \to 0} P_i \cdot L \cdot \Delta h_z / (L \cdot \Delta h_z) = P_i \quad\quad\quad (3\text{-}19)$$

因此，所有细分小段内截取的砂体面积百分数累计为：

$$F_s = \sum_{i=1}^{n_z} \text{Prop}i / n_z = \sum_{i=1}^{n_z} P_i / n_z \quad\quad\quad (3\text{-}20)$$

当钻井较少时，则必须借助于其他信息，如高分辨率地震、露头或开发程度高的密井网区获取的资料。

布尔模拟可用于模拟砂体在空间的形态、大小、位置和排列方式。通过大量的露头研究或成熟油田研究，人们总结出了河道砂体的展布规律，如砂体的纵横向比例、延伸情况、砂体空间排列规律的数据库，利用这些信息就可以对研究区河道砂体进行模拟。该方法主要适用分小段内截取的砂体累计长度层的描述，也可以用于岩心的描述。

四、多点地质统计学模拟方法

多点地质统计学是相对于基于变差函数的两点地质统计学而言的，它融合了两点地质统计学与基于目标建模方法的优点。多点地质统计学应用于储层随机建模始于1992年，包括迭代的和非迭代的两大类方法。迭代的方法由于迭代收敛性的问题，其应用受到限制。2000年，Strebelle提出了多点地质统计随机模拟的Snesim算法。该方法是一种非迭代算法，应用"搜索树"一次性存储训练图像的条件概率分布，并保证在模拟过程中快速提取条件概率分布函数，较好地解决了重复扫描图像的问题，从而促进了多点地质统计学的应用。

1. 数据事件及训练图像

两点地质统计学只能同时考虑空间两点之间的相关性，难以刻画具有复杂形态的地质体。多点地质统计学同时考虑空间多个点之间的相关性，"多点"的集合则用一个新的概念，即数据事件来表述。

考虑一种属性S（如沉积相），可取K个状态（如不同相类型），即$\{S_k, k=1, 2, \cdots, K\}$，则一个以$u$为中心，大小为$n$的"数据事件"$d_n$由以下两部分组成：

（1）由n个向量$\{h_\alpha, \alpha=1, 2, \cdots, n\}$确定的几何形态（数据构形），亦称为数据样板（Data Template），记为τ_n。

（2）n个向量终点处的n个数据值。如图3-13（a）为一个五点构形的数据事件，由一个中心点和四个向量及数值组成。多点统计可表述为一个数据事件$d_n=\{S(u_\alpha)=s_{k\alpha}, \alpha=1, \cdots, n\}$出现的概率，即数据事件中$n$个数据点$s(u_1)\cdots s(u_n)$分别处于$s_{k_1}\cdots s_{k_n}$状态时的概率，也可表述为$n$个数据指示值乘积的数学期望，即：

$$\text{Prob}\{d_n\} = \text{Prob}\{S(u_\alpha)=s_{k_\alpha}; \alpha=1, \cdots, n\} = E\left[\prod_{\alpha=1}^{n} I(u_\alpha; k_\alpha)\right] \quad (3\text{-}21)$$

在Simpat方法中，这样的数据事件称为模式（Pattern），它反映了地下地质模式或地质现象的结构特征。

在实际建模过程中，数据事件（模式）及其概率难以通过稀疏的井资料来获取，而需要借助于训练图像（Training Image）。训练图像（既可以是二维，也可以是三维）是一个先验地质模式，用于刻画实际储层结构、几何形态及其分布模式。对于沉积相建模而言，训练图像相当于定量的相模式，它不必忠实于实际储层内的井信息，而只反映一种先验的地质概念，如图3-13（b）为一个反映河道（黑色）与河道间（白色）分布的训练图像。一个给定的数据事件的概率则可通过应用该数据事件对训练图像进行扫描来获取。当应用数据事件［图3-13（a）］对图3-13（b）的训练图像进行扫描时，可得到4个重复，其中中心点为河道（黑色）的重复为3个，而中心点为河道间（白色）的重复为1个，因此可以得到该未取样点为河道的概率为3/4，为河道间的概率为1/4。

2. 搜索树

搜索树是一个动态数据结构，用来存储数据事件的发生数目及概率。因为大的数据事件中包含小的数据事件，所以可以充分利用树这种数据结构来存储这样的套合信息。通过数据样板扫描训练图像，计算数据事件重复次数，并将重复次数和概率保存在树结构中，形成一个搜索树（图3-14）。

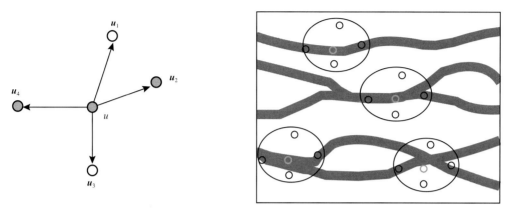

（a）由中心点u和邻近四个向量构成的五点数据事件 　　　　　　　（b）训练图像

图3-13　数据事件与训练图像示意图（据Strebelle，2000）

u_2，u_4—河道；u_1，u_3—河道间

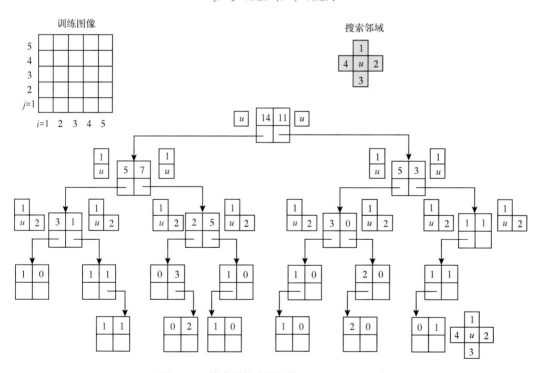

图3-14　搜索树构成图（据Strebelle，2000）

数据样板与搜索树在尺寸和构型上是对应的。在一次模拟过程中如果有 N 个不同的数据样板，就会有 N 个不同的搜索树。如果要进行 K 种相的模拟，搜索树就从根开始有 K 个分支，而数据样板中第 n 个节点就占据了第 n 层子树的位置。在搜索树每个节点中记录的

是训练图像中数据事件的发生数目。

搜索树对于内存的要求与训练图像的大小无关，只与所采用的数据样板中节点的个数 T 和所划分的相的数目 K 有关。搜索树中节点的个数最多为 K^T，由此可见，相的个数对内存的影响很大，因为它的增加，会使搜索树中节点的个数急剧增大。

3. 多点地质统计学的基本原理及实现步骤

1）基本原理

对于两点统计，考虑类型变量均为 s_k 状态的概率：

$$\Phi(h;k) = E\{I(u;k) \cdot I(u+h;k)\} \tag{3-22}$$

对于 n 个向量 $\{h_\alpha, \alpha = 1, \cdots, n\}$ 确定的数据样板 τ_n，n 个数据点 $(u+h_1, \cdots, u+h_n)$ 同时为 s_k 的概率可以用下式表示：

$$\Phi(h;k) = E\left\{\prod_{\alpha=1}^{n} I(u+h_\alpha;k)\right\} \tag{3-23}$$

$(u+h_1, \cdots, u+h_n)$ 分别取值为 $s_{k_1}, \cdots, s_{k_n}$ 的概率：

$$\Phi(h_1, \cdots, h_n; k_1, \cdots, k_n) = E\left\{\prod_{\alpha=1}^{n} I(u+h_\alpha;k_\alpha)\right\} \tag{3-24}$$

考虑到先前定义的数据事件，很容易发现上面计算的概率实际上是数据事件 d_n 的概率：

$$\Phi(h_1, \cdots, h_n; k_1, \cdots, k_n) \approx \frac{c(d_n)}{N_n} \tag{3-25}$$

假定数据事件构成指示变量 D：

$$D = \begin{cases} 1 & \text{当} S(u_\alpha) = s_{k_\alpha}, \forall \alpha = 1, \cdots, n \\ 0 & \text{其他} \end{cases} \tag{3-26}$$

估计中心点 A_k 取值可以为：

$$A_k = \begin{cases} 1 & \text{当} S(u) = s_k \text{时} \\ 0 & \text{其他} \end{cases} \tag{3-27}$$

按照简单克里金方法，就可以对待估点属于何种类型概率进行估计：

$$\text{Prob}\{A_k = 1 | D = 1\} = E\{A_k\} + \lambda[1 - E\{D\}] \tag{3-28}$$

权值 λ 可以通过下式确定：

$$\lambda \text{Var}\{D\} = \text{Cov}\{A_k, D\} \tag{3-29}$$

而 $\mathrm{Cov}\{A_k, D\} = E\{A_k D\} - E\{A_k\}E\{D\}$, $\mathrm{Var}\{D\} = E\{D\}(1 - E\{D\})$，从而有：

$$\lambda = \frac{E\{A_k D\} - E\{A_k\}E\{D\}}{E\{D\}(1 - E\{D\})} \tag{3-30}$$

这样：

$$\begin{aligned}
\mathrm{Prob}\{A_k = 1 | D = 1\} &= E\{A_k\} + \lambda[1 - E\{D\}] \\
&= E\{A_k\} + \frac{E\{A_k D\} - E\{A_k\}E\{D\}}{E\{D\}} \\
&= \frac{E\{A_k D\}}{E\{D\}} = \frac{\mathrm{Prob}\{A_k = 1, D = 1\}}{\mathrm{Prob}\{D = 1\}}
\end{aligned} \tag{3-31}$$

式（3-31）就是 Single normal equation 基本公式，它给出了待估点属于状态 s_k 的条件概率通过两个多点概率的商获得，显然这两个多点概率的推断对条件概率的求取至关重要。

从上面的叙述可以得知，$\mathrm{Prob}\{D=1\}$ 的概率可以通过计算 D 在训练图像中重复的次数来获得：$\mathrm{Prob}\{D=1\} = \Phi(h_1, \cdots, h_n; k_1, \cdots, k_n) \approx \frac{c(d_n)}{N_n}$。与 D 的概率的推导类似，$\mathrm{Prob}\{A_k = 1, D = 1\}$ 也可以通过计算 $A_k = 1$，$D = 1$ 在训练图像中重复的次数获得：$\mathrm{Prob}\{A_k = 1, D = 1\} \approx \frac{c_k(d_n)}{N_n}$。

由于 $c(d_n)$ 以及 $c_k(d_n)$ 都可以从搜索树中获得，这样就可以通过多点统计学进行待估点值的估计了。

2）实现步骤

（1）扫描训练图像建立搜索树。只有那些真正出现在训练图像中的数据事件才得以保存在搜索树中。为了限制数据事件的几何构型过大，需要定义最大搜索数据个数，以此最大搜索数据的样板建立搜索树。

（2）条件数据分配到最邻近的网格，定义随机访问路径。

（3）在每一个未取样位置 u，保留包含在最大搜索数据样板内的条件数据，从搜索树里提取多点概率分布，计算局部条件概率，建立未取样点局部条件概率分布。如果条件数据为 0，则以全局概率代替局部概率；如果条件数据构成的数据事件在训练图像中很少出现，则可以通过去掉离中心位置处最远的点，从而使得条件数据构成的数据事件在训练图像中重复次数足够多，局部概率的估计较可靠。

（4）蒙特卡罗抽样决定未取样位置 u 的值，并将模拟值加入条件数据中。

（5）重复步骤（3）和（4），直到所有未取样网格都得以访问。

如果需要多个实现，则只需改变随机访问路径，重复步骤（3）（4）（5）即可。

第三节　扇缘构型模式建模方法

一、扇缘构型模式

在扇缘位置，大部分辫流水道消失，小部分延续形成扇缘径流水道。扇缘是整个冲积扇中水流能量最弱、沉积物最细的部分，在退积型冲积扇中位于沉积序列的最上部。剖面结构为厚层泥岩夹薄砂岩透镜体，平面上为窄带状水道砂体镶嵌在泥岩中，该相带由径流带和漫流带（湿地）两个 5 级构型单元组成，并可进一步细分为三个 4 级构型单元，即径流水道、漫流砂体和漫流细粒沉积。

二、扇缘构型建模方法适应性研究

扇缘主要构型单元为漫流细粒、漫流砂体及径流水道，漫流砂体分布于径流水道的两侧，与漫流砂体、辫流水道的接触关系类似。

首先，采用序贯指示模拟方法对扇缘进行模拟。扇缘 90% 左右是漫流细粒沉积，少量发育漫流砂体及径流水道。模拟结果如图 3-15 所示，在比较好地满足条件数据的同时，得到的模型与井曲线粗化数据的统计特征基本吻合（图 3-16）。在一种构型单元占绝对优势、其他构型单元少量分布的情况下，序贯指示模拟方法建立的模型速度快，且能够满足全部条件井数据，模拟得到的结果基本上再现了钻井数据的统计特征，但对构型单元的接触关系体现得不明显。

截断高斯模拟能够弥补序贯指示模拟的缺陷，能较好地体现构型要素之间的空间关系，但同时也会损失部分条件数据作为代价，特别是在像扇缘这种漫洪细粒占绝对优势的情况。当漫洪砂体或径流水道单独出现时，截断高斯模拟为了刻画三者之间的接触关系，基本上不会单独模拟出漫洪砂体或径流水道，除非是孤立的条件数据，如图 3-17 所示。去噪后得

图 3-15　扇缘序贯指示模拟结果

到的结果如图 3-18 所示，平滑掉了一些细节。图 3-19 中的统计直方图表明，模型中漫洪细粒的比例略高于井统计结果，而漫洪砂体和径流水道的比例略低于井统计结果。

应用基于目标的模拟方法对扇缘进行建模时，能够较好地刻画镶嵌式构型的分布，在构型单元相互接触关系的刻画上有所不足，在条件数据及构型比例方面都能够比较好地满足，图 3-20 为基于目标建模方法的模拟结果。图 3-21 为模拟结果与井粗化数据的对比分析，二者基本上保持一致，能够体现地下储层构型的统计分布规律。扇缘中虽然有径流水道及漫洪砂体，但是只有少量发育，主体上都是漫洪细粒，不是主力储层，所以认为能够体现出径流水道及漫洪砂体所在的位置及比例即可。

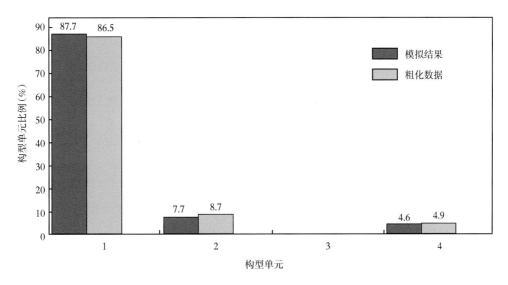

图 3-16　扇缘序贯指示模拟结果与粗化数据的对比

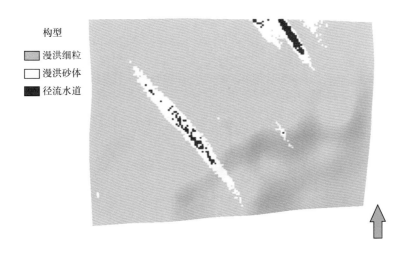

图 3-17　去噪前的截断高斯模拟结果

图 3-18　去噪后的截断高斯模拟结果

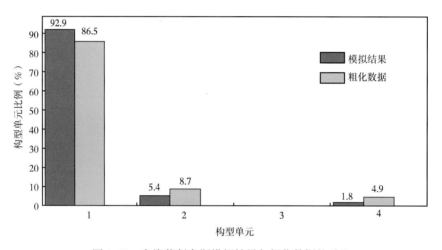

图 3-19　扇缘截断高斯模拟结果与粗化数据的对比

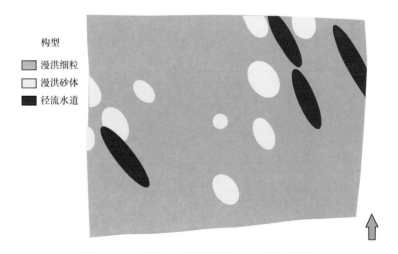

图 3-20　扇缘基于目标的模拟方法的模拟结果

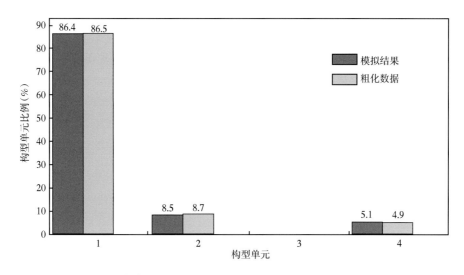

图 3-21　扇缘基于目标的模拟方法的模拟结果与粗化数据的对比

　　多点地质统计学模拟方法的基本输入参数为训练图像，训练图像中各构型要素比例最好与井统计的构型比例一致。如果需要体现径流水道与漫洪砂体的接触关系，并且有合适的训练图像，可以用多点地质统计学方法对扇缘进行模拟。因扇缘为非主力储层，后续扇中建模时对多点地质统计学建模方法的应用进行详细介绍。

　　通过以上几种方法的对比分析，对扇缘构型的模拟主要可以用基于目标的模拟及序贯指示模拟方法，如果有较好的训练图像，也可以采用多点地质统计学模拟方法。扇缘主要构型单元为漫洪细粒，非主力储层，所以对扇缘构型的模拟可以采用序贯指示模拟或基于目标的模拟方法。

第四节　扇中构型模式建模方法

一、扇中构型模式

　　扇中主要由辫流水道、漫流砂体和漫流细粒沉积组成。多期次洪水形成的辫流水道侧向摆动，形成了辫流水道和漫流砂体与漫流细粒沉积侧向相隔、垂向互层的分布形式。近扇顶的一侧，漫流沉积含量较少，辫流水道侧向叠置连片；近扇缘的一侧，漫流沉积发育，辫流水道被漫流沉积间隔，呈孤立的条带状分布。辫流水道包括沙坝和沟道，主体为沙坝，沟道位于沙坝的一侧或两侧，剖面上呈顶平底凸的透镜状。

　　扇中亚相可分为辫流带和漫流带两个 5 级构型单元，以两者互层为特征。辫流带由多个辫流水道（4 级构型单元）组成，形成宽带状砂体。单一水道内部由沙坝和沟道（3 级构型单元）组成。漫流带位于辫流带之间的相对高部位，为洪峰期水道漫溢沉积，包括漫流砂体和漫流细粒沉积两个 4 级构型单元。总体上，辫流水道与漫流沉积呈互层的分布形式，下部主要为辫流水道垂向交叠，上部辫流水道被漫流沉积分隔。

二、扇中构型建模方法适应性研究

扇中主要的构型单元为辫流水道、漫洪砂体及漫洪细粒，漫洪砂体分布于辫流水道两侧，相互接触关系明显。

通过构型特征分析得到扇中构型单元的规模及大小，计算不同构型单元的变差函数，利用序贯指示模拟建立构型模型。

图 3-22 为去噪后的序贯指示模拟结果，构型单元的分布比较离散，难以刻画辫流水道与漫洪砂体间的接触关系。图 3-23 为井粗化数据与模拟结果的统计对比，结果显示二者基本吻合。

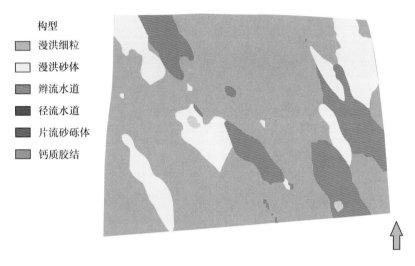

图 3-22　扇中序贯指示模拟结果

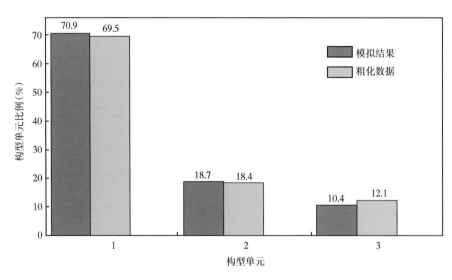

图 3-23　扇中序贯指示模拟结果与粗化数据的对比

图 3-24 为基于目标的模拟方法得到的模拟结果，基于目标的模拟方法在模拟简单的形态时，能够比较好地满足条件数据，也能较好地体现井数据的统计分布（图 3-25），但是模拟结果难以合理刻画构型单元辫流水道与漫洪砂体的接触关系以及辫流水道的几何形态，因此不能用简单的几何形态来描述扇中的构型单元。

构型
□ 漫洪细粒
□ 漫洪砂体
■ 辫流水道
■ 径流水道
■ 片流砂砾体
■ 钙质胶结

图 3-24　简单形态的基于目标的模拟方法的模拟结果

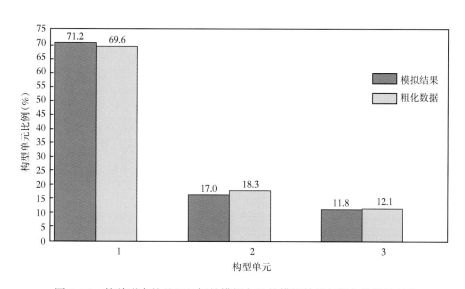

图 3-25　简单形态的基于目标的模拟方法的模拟结果与粗化数据的对比

采用河道形态的基于目标建模方法对辫流水道进行刻画，结果如图 3-26 所示。得到的模拟结果能够刻画出辫流水道的几何形态，漫洪砂体刻画的效果较差，并且模拟结果中存在许多孤立的点，这些都是井上的条件数据。由于井数多，基于目标的建模方法在模拟河道形态时难以满足条件数据，辫流水道条件数据的符合率只有 30% 左右，模拟结果不理想。

构型
- ▣ 漫洪细粒
- ▢ 漫洪砂体
- ▣ 径流水道

图 3-26　河道形态的基于目标的模拟方法的模拟结果

截断高斯模拟能够比较好地体现相序之间的变化，如图 3-27 为扇中构型截断高斯模拟的结果，比较好地刻画了辫流水道与漫洪砂体间的接触关系，对条件数据也满足得比较好，基本上不存在孤立的离散点，同时也能比较好地体现井上数据的统计规律（图 3-28）。截断高斯模拟能够比较好地刻画扇中构型单元空间分布的特点。

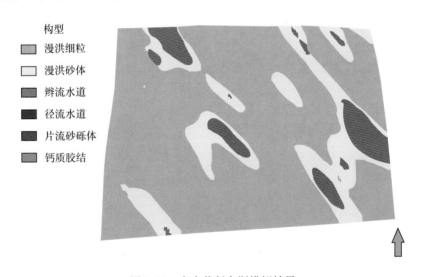

构型
- ▣ 漫洪细粒
- ▢ 漫洪砂体
- ▣ 辫流水道
- ▣ 径流水道
- ▣ 片流砂砾体
- ▣ 钙质胶结

图 3-27　扇中截断高斯模拟结果

多点地质统计学模拟是一种新发展起来的基于训练图像的建模方法，该方法通过扫描训练图像获取条件概率分布。

训练图像的获取可以通过地质人员的手绘图数字化得到，也可以通过软件模拟得到。图 3-29 是专家给出的某小层构型模式数字化后得到的训练图像，图 3-30 是在该训练图像的指导下得到的模拟结果。通过模拟结果与训练图像的对比可以看到，模拟结果较好地再现了训练图像包含的结构信息，比较真实地刻画了辫流水道与漫洪砂体的接触关系及空间展布。利用多点地质统计学模拟需要有准确可靠的训练图像作为基础，训练图像中各构型的比例也应与实际工区统计数据的比例基本一致。

扇中构型主要是辫流水道与漫洪砂体侧向拼接,相互之间接触关系非常明显,通过上述建模方法对比研究发现:扇中构型主要是表现构型间的空间接触关系,利用截断高斯模拟方法或多点地质统计学模拟方法可以较好地体现这种关系,如果有可靠的训练图像作为基础,多点地质统计学模拟方法是个不错的选择;如果缺少合适的训练图像,利用截断高斯模拟方法也可以得到较好的结果。

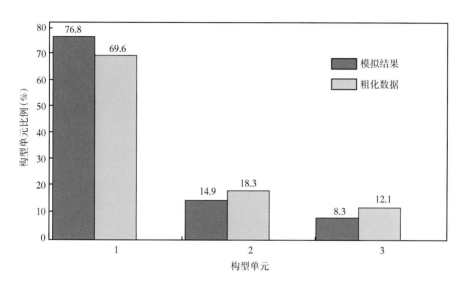

图 3-28　扇中截断高斯模拟结果与粗化数据的对比

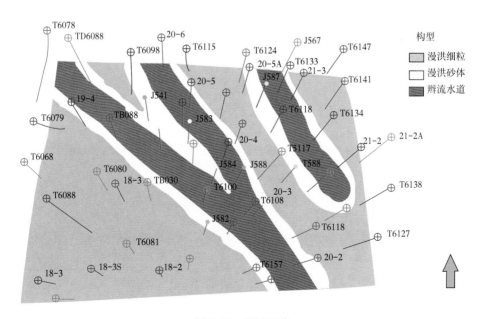

图 3-29　训练图像

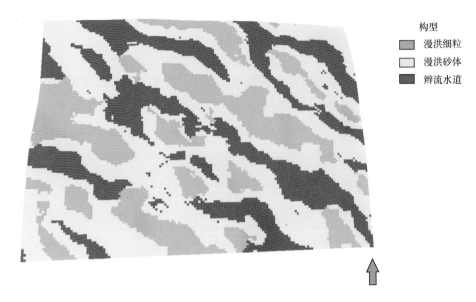

构型
■ 漫洪细粒
□ 漫洪砂体
■ 辫流水道

图 3-30　多点地质统计学模拟结果

第五节　扇顶构型模式建模方法

一、扇顶构型模式

扇顶位于冲积扇的根部，为研究区的主力产油相带之一。扇顶亚相划分为槽流带、片流带和漫流带 3 个 5 级构型单元。槽流带包括槽流砂砾体与泥石流沉积两个 4 级构型单元。槽流砂砾体包括槽流砾石坝和流沟两个 3 级构型单元。片流带发育块状构造，表现为不完整韵律，厚度为 0.3~0.7m。洪水后期和间洪期水流在砾石岩体之上冲刷形成流沟，流沟之间为砾石坝，流沟厚度平均为 0.3m，宽度小于 70m。两者为片流砂砾体内的 3 级构型单元。漫流带形成于扇顶的相对高部位，细分为漫流砂体与漫流细粒沉积，厚度平均为 0.25m，横向展布规模小于 200m。总体上，扇顶砾岩体为一种泛连通体，其中不连续的薄层漫洪沉积及钙质胶结带为泛连通体内的非渗透夹层，而非胶结的流沟砂岩为泛连通体内部的异常高渗透带。

二、扇顶构型建模方法适应性研究

扇顶主要构型为片流砂砾体，还包含漫洪细粒、漫洪砂体、槽流砂砾体、辫流水道、钙质胶结、流沟与胶结流沟 7 种构型单元。

序贯指示模拟是最常用的模拟离散型变量的方法，首先利用序贯指示模拟对扇顶构型单元进行模拟，模拟结果如图 3-31 所示。模拟结果中离散点比较多，离散点多是井上的条件数据。由于扇顶构型单元类型多，且大部分发育的是片流砂砾体。对不同构型单元进行变差函数分析时，难以得到足够的数据点对，得到的试验变差函数不理想。离散点较多主要是由于扇顶构型的特点及变差函数不易求取导致的。图 3-32 显示的模拟结果基本上和井粗化数据统计规律一致。

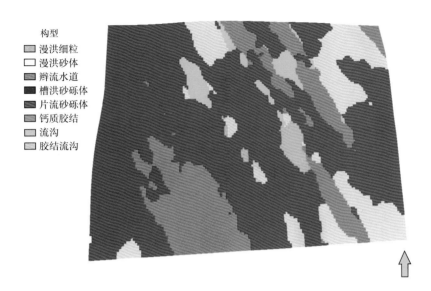

图 3-31 扇顶序贯指示模拟结果

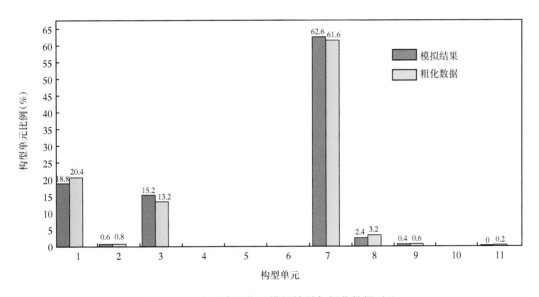

图 3-32 扇顶序贯指示模拟结果与粗化数据对比

图 3-33 为截断高斯模拟方法的模拟结果，截断高斯模拟能比较好地体现相序的变化，但是扇顶的构型单元相互之间的接触关系复杂，难以用简单的相序进行描述，例如辫流水道和漫洪砂体之间有着较好的接触关系，其他的几种构型单元基本上孤立存在于片流砂砾体中。模型也存在较多的孤立点，不符合地质实际。

图 3-34 为模拟结果与井粗化数据的统计对比，片流砂砾体比井粗化数据增加了 11% 左右，其他构型单元的比例都有所降低，二者相差较大。

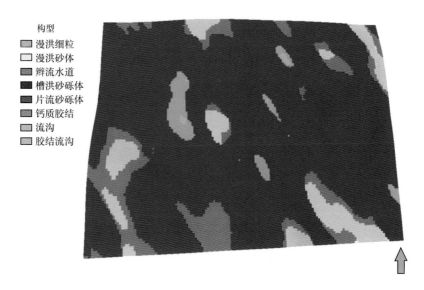

图 3-33 扇顶截断高斯模拟结果

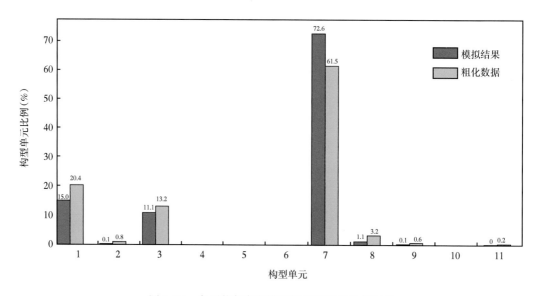

图 3-34 扇顶截断高斯模拟结果及粗化数据对比

基于目标的模拟方法模拟结果如图 3-35 所示,图 3-36 为模拟结果与井粗化数据的统计对比。通过对构型单元特征的分析,设置不同构型单元比例及几何参数,通过长度、宽度、厚度及展布方向对构型单元进行描述。得到的结果比较好地满足了条件数据,不存在孤立的离散点。图 3-36 的统计结果显示模拟结果与井粗化数据基本一致,并且模拟了占比很少的构型单元(胶结流沟),序贯指示模拟和截断高斯模拟都没有能够模拟出这类占比很小的构型单元。

图 3-35 扇顶基于目标的模拟方法模拟结果

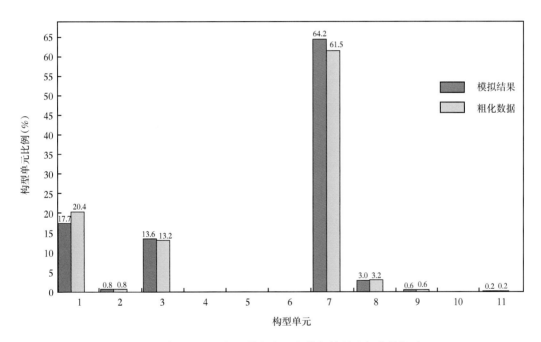

图 3-36 扇顶基于目标的模拟方法的模拟结果及粗化数据对比

第六节 基于目标算法的改写

通过文献调研和野外露头考察认识到，研究区河道在顺物源方向厚度会逐渐变薄，宽度会逐渐变大，特别是在冲积扇这种沉积体系中，从扇顶到扇缘水流能量降低较快，具有河道形态的辫流水道和径流水道及流沟都具有这种特点。传统的河道建模方法无法刻画这种规律性的变化，通过对基于目标的 Fluvsim 模拟算法深入剖析后进行了改进，新方法能够较好地刻画河道厚度及宽度顺着物源方向规律性变化的特点。

具体的改进如下：首先在原始参数文件中加入了物源来源的控制，如图 3-37 中的参数文件第 34 行，将研究区在平面上划分为 4 个象限，1、4 象限表明物源来源于北方，2、3 象限表明物源来源于南方。物源来源的象限，结合河道的主体方向即能控制河道厚度变薄、宽度加大的方向。

```
         0.....10.....20.....30.....40.....50.....60.....70.....80.....90.....100.....110.
 1                    Parameters for FLUVSIM
 2                    *************************
 3
 4 START OF PARAMETERS:
 5 well58c.dat                -file with well conditioning data
 6 0  1  2  3  4              - columns for well #, X, Y, Z, facies/iwl,ix1,iy1,iz1,ifl
 7 -1.0      1.0e21           - trimming limits
 8 0                         -debugging level: 0,1,2,3
 9 well58c.dbg                -file for debugging output
10 well58c.geo                -file for geometric specification/geof1.输出文件
11 seiswell58c.out             -file for simulation output
12 well58c.vp                 -file for vertical prop curve output/pcurout
13 well58c.ap                 -file for areal prop map output/pmapout
14 seiswell58c.wd              -file for well data output/wellout
15 1                         -number of realizations to generate
16 100    326000.0     50.0
17 100    9350000.0    50.0            -ny,ymn,ysiz - geological coordinates
18 66           66.0           -nz, average thickness in physical units/avgthick
19 94204411                   -random number seed
20 1  0  1  1                -1=on,0=off: global, vert, areal, wells/i1,i2,i3,i4
21 1.0  1.  0.5  1.           -weighting : global, vert, areal, wells/sclglob,sclvert,sclarea,sclwell
22 5000     1000  0           -maximum iter, max no change, min. obj./niter,mnoc,objmin
23 0.0   0.10   5  7  10      -annealing schedule: t0,redfac,ka,k,num/t0,redfac,kasas,ksas,numred
24 0.5 0.1 0.1 0.3           -Pert prob: 1on+1off, 1on, 1off, fix well/cumprob(1),cumprob(2),cumprob(3)
25 1  2  3                   -Facies(on): channel, levee, crevasse/ichan,ilev,icre
26 0.2  0.28  0.00           -Proportion: channel, levee, crevasse/tarprop(1),tarprop(3),tarprop(4)
27 pcurve.dat                 - vertical proportion curves/pcurvefl
28 0                         - 0=net-to-gross, 1=all facies/itest
29 1  7  8                   - column numbers/icolv(i)
30 seis58cprop.dat            - areal proportion map/pmapfl
31 0                         - 0=net-to-gross, 1=all facies/itest
32 1  3  4                   - column numbers/icola(i)
33 199                       -maximum number of channels/mxc
34 1                         - 物源来源（物源所属的工区平面象限）
35 -10      0      10         - orientation of the channel/fco(i)，河道方向，以北为零，顺时针
36 100.0  300.0   500.0       -channel: sinuosity: average departure/fcad(i)，定义弯曲度，偏离河道中心线的平均距离
37 3000.0  4000.0   5000.0    -channel: sinuosity: length scale/fcal(i)
38 10.0     15.0    20.0      -channel: thickness/fct(i)
39 1.0    1.0    1.0          -channel: thickness undulation/fctu(i)
40 1000.0  1000.0  1000.0     -channel: thickness undul. length scale/fctul(i)
41 20.0   40.0    60.0        -channel: width/thickness ratio/fcwt(i)
42 1.0    1.0    1.0          -channel: width: undulation/fcwu(i)
```

图 3-37　参数文件

图 3-38 至图 3-42 为新方法得到的河道横剖面与纵剖面示意图，可以看出河道厚度与宽度在顺物源方向渐变的效果，符合研究区的实际情况。

图 3-38　横剖面（物源从南方过来）

图 3-39　纵剖面（物源从南方过来）

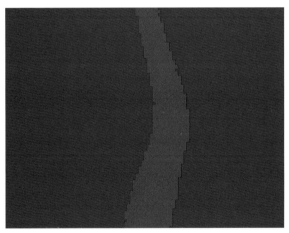

图 3-40　横剖面（物源从北方过来）

图 3-41　纵剖面（物源从北方过来）

图 3-42　横纵剖面体

通过图 3-42 的三维剖面图也可以看到，河道顺着物源方向厚度与宽度的变化情况，刻画了顺着物源方向河道厚度变薄、宽度增加的趋势。

第七节　考虑夹层影响的渗透率粗化

渗透率与孔隙度、含水饱和度不同，它是一种张量属性，模型粗化后会得到 I、J、K 3 个方向的粗化结果。泥岩夹层对储层中油水运动具有重要的影响，在精细建模时需要设计新的方法将精细地质模型中夹层的信息尽可能有效地保留到粗化模型中，从而为油藏数值模拟提供更真实的地质模型。

夹层的厚度分布变化较大，从几厘米到几米、几十米且分布极不规则。夹层造成的储层非均质性对油气运移、油田开发中后期的剩余油预测及挖潜有重要的影响。不同形态的夹层对粗化网格的渗透率影响不一样，以二维情况为例，如图 3-43 为 4 种典型的不同形态的夹层：图 3-43（a）中的夹层阻碍了 I 方向的渗流，5×5 的精细网格粗化为一个网格后，该网格 I 方向应该为非渗透，而 J 方向具有渗流能力；图 3-43（b）中的倾斜夹层造成了对 I、J 方向的遮挡，粗化后 I、J 方向都应为非渗透；图 3-43（c）与图 3-43（a）一样，夹层仅造成了 I 方向的遮挡；图 3-43（d）中夹层仅造成了 J 方向的遮挡，在 I 方向只是大幅度降低了渗流能力，并非完全遮挡。

这些不同形态、不同倾角、不同覆盖模式的夹层是否对粗化网格造成某一方向的全部遮挡，直接影响该粗化网格的渗透性。如何判断夹层是否对粗化网格造成遮挡成为新设计方法的关键技术。

由于渗透率的方向性，当在 K 方向多个网格合并为一个网格时，如果在某一 K 值的岩相全是泥，不管 K 方向上有多少网格合并，这个网格在垂向上应该为非渗透的；如果只有部分是泥，说明这个网格有渗透性，但会明显降低。同样，I、J 方向也会存在同样的情况。

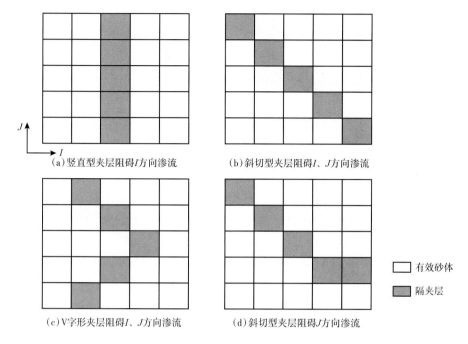

(a)竖直型夹层阻碍I方向渗流   (b)斜切型夹层阻碍I、J方向渗流

(c)V字形夹层阻碍I、J方向渗流   (d)斜切型夹层阻碍J方向渗流

□ 有效砂体

▧ 隔夹层

图 3-43 不同形态泥岩夹层对渗透率粗化结果的影响

在主流的建模软件 Petrel 中，针对渗透率的粗化方法有算术平均法、几何平均法、全方位平均法及基于流体的粗化方法，通过研究已经证明这些方法均不能有效刻画夹层对渗透率模型粗化的影响。

夹层分布形态复杂多样，规模大小不一，在三维模型粗化网格中对夹层进行细致刻画并判断不同的夹层对粗化网格不同方向的影响，需要大量的逻辑判断，实现难度较大。本书提出了通过判断粗化网格内部不同砂体是否连通解决了这一问题，如果有连通的砂体穿过整个粗化网格，说明该粗化网格具有渗透性，否则该粗化网格被夹层遮挡。对砂体进行连通体编号及判断不同砂体是否穿过整个粗化网格成为实现该方法的主要技术手段，具体的设计思路如下：

（1）建立精细地质模型，包括夹层及渗透率模型；建立相应的粗化网格模型。

（2）确定粗化模型网格与精细地质模型网格的对应关系。

（3）对每一个粗化网格内部的连通砂体进行编号。

①针对某一粗化网格，其内部包含多个精细网格，以 i、j、k 网格编号都为 0 开始，顺序选择一个精细网格，图 3-44（a）中左下角为起始点，判断其网格属性，如果不是砂，返回步骤①，否则进入步骤②。

②对该网格进行编号：如果该网格是第一个为砂体的网格则编号为 1，重复步骤①，否则判断 I 方向与该网格相邻的且已判断过的网格是否为砂体，如果是砂体，则将 I 方向相邻网格的砂体编号赋值给该网格，返回步骤①；如果 I 方向相邻的该网格不是砂体，则判断 J 方向与该网格相邻且判断过的网格是否为砂体，如果是砂体，则将 J 方向相邻网格的砂体编号赋值给该网格，返回步骤①；如果 J 方向相邻的该网格不是砂体，则同样的方式

判断 K 方向；如果三个方向相邻的该网格都不是砂体，则将该网格进行新的编号（编号依次增加），返回步骤①，直到粗化网格内部所有为砂体的精细网格都被编号，完成第一步编号，进入步骤③。

③判断 J 方向任意两个相邻的网格砂体编号是否一致，如果不一致，将编号大的该砂体内的所有网格砂体编号赋值为该相邻网格的编号。图 3-44（a）中将编号为 2 的砂体内的所有网格编号赋值为 1，得到图 3-44（b）的结果，直到所有 J 方向的相邻砂体的网格编号都一致，最后得到图 3-44（c）的结果。

④同步骤③一样判断 K 方向，对砂体编号进行修改。

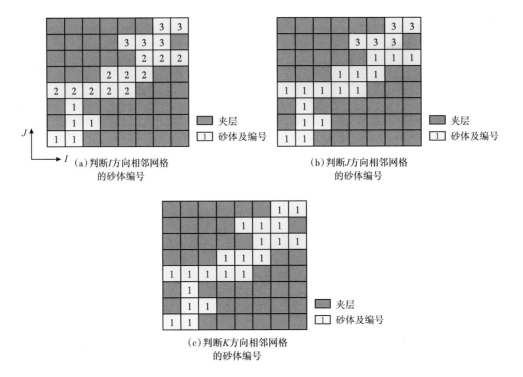

图 3-44 连通砂体编号示意图

（4）判断连通砂体是否穿过整个粗化网格。针对每一个粗化网格，以 I 方向为例，判断是否有连通的砂体穿过整个粗化网格（图 3-45）。如果有，则该网格在 I 方向连通，如果所有砂体在该粗化网格内部都不连通，则该粗化网格在 I 方向被夹层遮挡。

①针对粗化网格内部的某一个砂体 k，如果该砂体网格数小于 I 方向粗化网格包含的精细网格数量，说明该砂体规模过小，不足以穿过整个粗化网格，重新选择该粗化网格内部的另一砂体，否则进入下一步。

②识别出粗化网格中 I 方向上对应的精细网格最小 I 值及最大 I 值所对应的两个截面（对应图中的 A、B 面）。如果砂体 k 在这两个截面上同时存在，则表示该砂体规模足够大且穿过了整个粗化网格，说明该粗化网格在 I 方向连通，只要 I 方向连通，其他砂体则不用判断；如果砂体 k 在这两个截面上不同时存在，则继续判断另一砂体，重新执行（4）中的①，如果

所有砂体在 I 方向都不连通，则认为该粗化网格在 I 方向被夹层遮挡。

③以同样的方式对 J、K 方向进行判断。

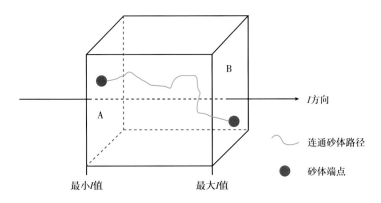

图 3-45　粗化网格内部 I 方向砂体连通性判断示意图

依次对每个粗化网格内部砂体的连通性进行判断，即能得到夹层对所有粗化网格的遮挡情况。

（5）通过（4）中判断得到的结果，某一方向被遮挡，则将该方向的渗透率赋值为 0；否则，通过成熟的渗透率粗化方法计算该粗化网格的渗透率值。

（6）输出不同方向的渗透率粗化结果。

通过该新方法得到的渗透率粗化结果既能够有效刻画夹层对粗化后渗透率的影响，也能够保证粗化后渗透率的非均质性。

根据以上设计思路，对新粗化方法进行了如下的参数设计（表 3-2）：

表 3-2　粗化算法的主要参数及描述

行号	参数值	参数含义
1	Upscale.dat	粗化模型网格构架文件
2	1、2、3、4、5、6	粗化网格文件中 I、J、K、X、Y、Z 所在的列数
3	72	粗化网格中 I 方向包含的网格数量
4	74	粗化网格中 J 方向包含的网格数量
5	25	粗化网格中 K 方向包含的网格数量
6	2	粗化网格中 I 方向网格的步长
7	2	粗化网格中 J 方向网格的步长
8	Fine.dat	精细模型的网格文件
9	1、2、3、4、5、6、7、8	精细模型文件中 I、J、K、X、Y、Z、NTG 及渗透率所在的列数
10	144	精细模型文件中 I 方向网格数量
11	148	精细模型文件中 J 方向网格数量

行号	参数值	参数含义
12	50	精细模型文件中 K 方向网格数量
13	Perm_i.dat	输出文件，I 方向的渗透率
14	Perm_j.dat	输出文件，J 方向的渗透率
15	Perm_k.dat	输出文件，K 方向的渗透率

在进行新方法粗化之前，首先需要构建一个粗化网格模型，粗化网格模型包含不同方向的网格大小、步长及网格数量，并导出通用 GSLIB 格式，如图 3-46 所示。

```
 1 PETREL: Properties
 2 7
 3 i_index unit1 scale1
 4 j_index unit1 scale1
 5 k_index unit1 scale1
 6 x_coord unit1 scale1
 7 y_coord unit1 scale1
 8 z_coord unit1 scale1
 9 jihe unit1 scale1
10 35 1 89 15358523.25517918 5064037.54013089 -170.02814674 0.009134
11 36 1 89 15358532.90987792 5064038.04587108 -170.67035675 0.008149
12 37 1 89 15358542.56776086 5064038.56667325 -171.02561378 0.073886
13 38 1 89 15358552.23276997 5064039.09457905 -171.08555222 0.083562
14 39 1 89 15358561.91088716 5064039.61875397 -170.90989494 0.092291
15 40 1 89 15358571.60942108 5064040.12762995 -170.60482597 0.102649
16 41 1 89 15358581.33607024 5064040.60969731 -170.29750824 0.018265
17 42 1 89 15358591.09760298 5064041.05429911 -170.11785126 0.006305
18 43 1 89 15358600.89893366 5064041.45254704 -170.18557358 0.006509
19 44 1 89 15358610.74316281 5064041.79837512 -170.59797287 0.005424
20 45 1 89 15358620.63117201 5064042.08876272 -171.42124176 0.018334
21 46 1 89 15358630.56209210 5064042.32201043 -172.69160461 0.078308
22 47 1 89 15358640.53452668 5064042.49671259 -174.42239189 0.019218
23 48 1 89 15358650.54652307 5064042.61154880 -176.60754013 0.020338
24 49 1 89 15358660.59598438 5064042.66590179 -179.21871758 0.002635
25 50 1 89 15358670.68007662 5064042.66059066 -182.20111847 0.089877
26 51 1 89 15358680.79470597 5064042.59818940 -185.47810555 0.032206
27 52 1 89 15358690.93527562 5064042.48301465 -188.95089149 0.013966
28 53 1 89 15358701.09763261 5064042.31957229 -192.50934982 0.005248
29 54 1 89 15358711.27860232 5064042.11152519 -196.04663849 0.003176
30 55 1 89 15358721.47530669 5064041.86338242 -199.46230888 0.001000
31 56 1 89 15358731.68483767 5064041.57972947 -202.67098236 0.001000
```

图 3-46　粗化网格骨架数据

输入的精细地质模型数据与粗化网格模型数据格式一致，精细地质模型数据中包含 NTG 及渗透率数据，其中夹层的信息通过 NTG 模型刻画，模型中存在夹层的地方 NTG 为 0。

输出数据包含 I、J、K 三个方向的渗透率粗化结果。结果文件中的数据格式以网格的数据格式依次排列，网格序号计算公式为：

$$index = (k-1)n_x n_y + (j-1)n_x + i$$

式中　index——网格所在的索引号；

　　　i、j、k——网格行、列及纵向上的具体位置；

　　　n_x、n_y——网格体系中 I、J 方向的网格总数。

以这种方式存储的输出数据如图 3-47 所示。

```
PETREL: Properties
4
i_index unit1 scale1
j_index unit1 scale1
k_index unit1 scale1
PERM_I unit1 scale1
         1           1           1    0.0000000E+00
         2           1           1    0.0000000E+00
         3           1           1    0.0000000E+00
         4           1           1    0.0000000E+00
         5           1           1    0.0000000E+00
         6           1           1    0.0000000E+00
         7           1           1    0.0000000E+00
         8           1           1    0.0000000E+00
         9           1           1    0.0000000E+00
        10           1           1    0.0000000E+00
        11           1           1    0.0000000E+00
        12           1           1    0.0000000E+00
        13           1           1    0.0000000E+00
        14           1           1    0.0000000E+00
        15           1           1    0.0000000E+00
        16           1           1    0.0000000E+00
        17           1           1    0.0000000E+00
```

图 3-47　输出数据格式

图 3-47 所示的数据格式能够以 GSLIB 的格式加入 Petrel 等商业化建模软件中进行可视化显示。

下面以新疆克拉玛依油田为例进行说明。商业建模软件中最常用的粗化方法包括 Flow-based 方法（图 3-48）、Directional averaging 方法（图 3-49）及一般的几何平均法（图 3-50）。泥质夹层标示为无效储层，模型粗化时将精细网格的 5×5×5 网格粗化为一个网格。图 3-51 是 NTG 模型在同一层位不同 K 值的模拟结果。模型粗化时，垂向上第 261~264 层粗化为一个网格。

通过 NTG 模拟结果（图 3-52）可以看出，图 3-50 中红色椭圆形内的网格应该为非渗透的，而且周围没有非渗透性网格，Directional averaging 方法得到的结果在一定程度上能描述，但周围的非渗透性网格与实际情况不相符，而 Flow-based 方法和一般的几何平均法得到的结果与实际情况相差甚远。

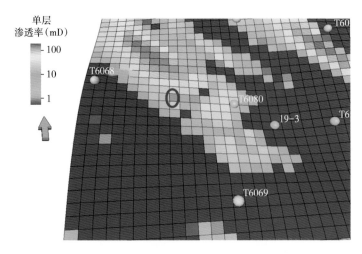

图 3-48　Flow-based 方法粗化结果

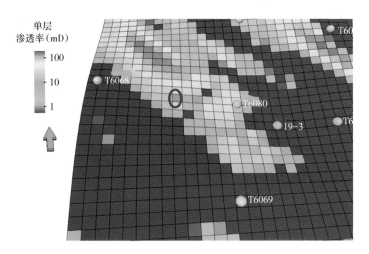

图 3-49　Directional　averaging 方法粗化结果

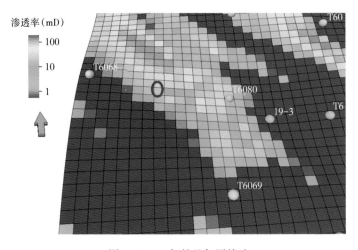

图 3-50　一般的几何平均法

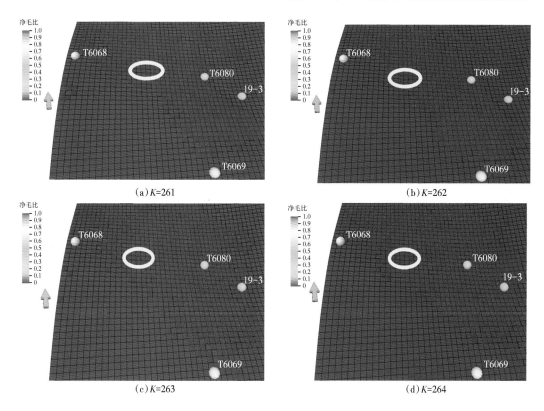

图 3-51 不同 K 值对应的 NTG 模型

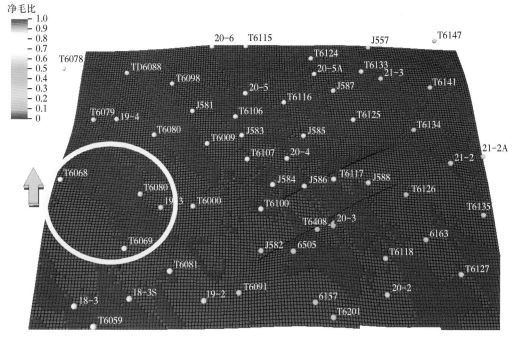

图 3-52 NTG 模拟结果

对渗透率粗化方法进行了新的设计，在 VS2008 平台上，利用 Fortran 语言设计实现了新的渗透率粗化方法。图 3-53 为输入参数界面。

```
         0       10      20     T  30      40      50      60      70
      ┌─────────────────────────────────────────────────────────────┐
    1 │              Parameters for perm-upscale                     │
    2 │              *************************                       │
    3 │                                                              │
    4 START OF PARAMETERS:
    5 new-upscale              \file with upscale grid
    6 1 2 3 4 5 6              \  columns for I, J, K, X, Y, Z
    7 78                       \  grid number of I direction in upscale grid
    8 58                       \  grid number of J direction in upscale grid
    9 89                       \  grid number of k direction in upscale grid
   10 10                       \  grid size of I direction in upscale grid
   11 10                       \  grid size of J direction in upscale grid
   12 new-fine                 \file with origin data
   13 1 2 3 4 5 6 7 8          \  columns for I, J, K, X, Y, Z, ntg, perm
   14 156                      \  grid number of I direction in origin data file
   15 112                      \  grid number of J direction in origin data file
   16 407                      \  grid number of k direction in origin data file
   17 perm_i.out               \  output file of I direction
   18 perm_j.out               \  output file of I direction
   19 perm_k.out               \  output file of I direction
```

图 3-53　粗化新方法参数输入

通过新设计的方法对上述模型进行粗化后得到的渗透率模型如图 3-54 所示。图 3-54 中红色椭圆形内的非渗透性网格刻画了精细模型中夹层对渗透率的影响，周围也未和 Directional averaging 方法一样产生多个非渗透性网格。

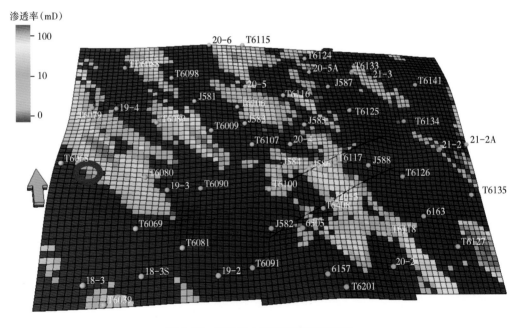

图 3-54　新设计方法渗透率粗化结果

第八节　模型地质符号可视化技术研究

在储层构型研究中，如何进行构型地质符号的充填可视化显示是一项技术难题，本书借助 VC2008 编程语言，结合 OpenGL 三维开放式的图形库，进行了构型模型地质符号充填技术研究，开发了构型充填子系统，系统界面设计如图 3-55 所示。

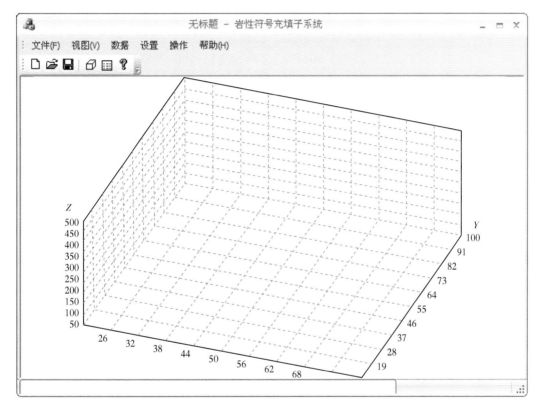

图 3-55　构型充填子系统界面

构型充填子系统研究主要是针对基于 Petrel 软件建立的构型剖面模型，主要需要解决以下两个方面的问题：一是原始数据读取与存储；二是数据经过处理后的可视化展示。

构型充填子系统研究包括数据存取、数据处理和三维可视化显示三个方面的内容。数据存取模块主要包括 Petrel 模型的数据导入、构型充填结果的文档保存与打开等；数据处理模块主要实现了对 Petrel 模型中地层面数据建立、构型多边形的生成、构型多边形边界的提取、构型多边形符号充填及交互等功能；三维可视化显示模块主要有三维场景显示、坐标轴建立、三维缩放、三维漫游、构型图例的可视化、地层构型平面数据的三维显示、构型多边形边界三维显示和构型充填多边形符号充填显示等功能。

Petrel 软件导出的文件每一行由 7 列组成，分别是角点网格的索引（i, j, k）和空间对应的三维坐标及对应的构型属性值，结果文件如图 3-56 所示。

```
PETREL: Properties
7
i_index unit1 scale1
j_index unit1 scale1
k_index unit1 scale1
x_coord unit1 scale1
y_coord unit1 scale1
z_coord unit1 scale1
CopyofFacies2 unit1 scale1
1 1 131 15358186.18240690 5064039.80020684 -99.79385662 3.000000
2 1 131 15358191.15918899 5064039.80020684 -100.46129131 3.000000
3 1 131 15358196.13597108 5064039.80020684 -101.11931133 3.000000
4 1 131 15358201.11275317 5064039.80020684 -101.76899719 2.000000
5 1 131 15358206.08953527 5064039.80020684 -102.41081524 2.000000
```

图 3-56　Petrel 主流建模软件导出文件格式

根据 Petrel 软件建立的角点网格模型，设计导入模型的界面如图 3-57 所示。由于 Petrel 软件建立的模型是基于角点网格，为了便于数据导入时内存开辟，需要知道角点模型的大小，即 (I, J, K) 三方向的网格个数。构型充填子系统可通过文件读取快速提取行 (i)、列 (j) 和层 (k) 最大最小值。

图 3-57　Petrel 模型导入界面

在为模型存取开辟了内存空间后，即可对模型文件进行导入。按行的方式直接读取模型文件数据，分离出网格的索引值 (i, j, k)、角点的三维空间坐标 (x, y, z) 和构型属性值，并将提取的数据存放到对应的网格模型中，以方便后续的三维显示、层面上的构型边界提取及构型多边形的岩性充填。

构型模型剖面是基于网格生成的，对导入的构型剖面进行地质符号充填需要充分考虑网格构成的多边形边界大小及多边形之间的接触关系，从计算机图形学角度出发进行了构型多边形提取和拓扑关系建立研究。

为了便于构型多边形提取和相邻多边形拓扑关系的建立，首先进行了数据库结构设计，设计了如图 3-58 所示网格单元类 GridCell 和多边形 CPolygon 类。

```
classGridCell//一网格单元
{public:
        floatlithId;     //构型类型
        intpolygonId;    //所在的构型多边形
        boolisOutFind;   //是否向外扩展
boolisAdd;               //是否加入到当前构型多边形中
}
classCPolygon:publicCObject
{public:
        CPolygon(void);
        ~CPolygon(void);
        intid; //多边形索引号
        intlith; //多边形的构型值
        CArray<int,int>relaPolygons;//外边界相邻多边形
        CArray<int,int>InPolygons;//内部包含的多边形
        CArray<RowCos,RowCos>DataRowColAry; //多边形内部的网格行列    CArray<Point3D,Point3D>_BoundaryPoints; //组成边界的三维点
        CArray<RowCos,RowCos>BoundaryDataRowColAry;//多边形边界的网格行列
public:
        boolPointInPolygon(Point3Dpoint);//点
        boolPolygonInPolygon(CPolygon*g);
}
```

图 3-58 数据库结构设计

网格单元主要包含了构型类型、当前网格所在的构型多边形、是否向外扩展和是否加入当前构型多边形中等信息。其中，isOutFind 的作用是：以当前单元为中心，向其周围四个方向扩展，搜索相邻的与其构型类型相同的网格单元，以快速组成构型多边形。

构型多边形类中的数据结构主要包含了多边形索引号、多边形的构型值、外边界相邻多边形、内部包含的多边形、多边形内部的网格、组成边界的三维点和多边形边界的网格行列等信息。

基于导入的模型，提出了一种以单元为中心的四方向（即左、右、前和后）扩展的构型多边形快速生成算法提取地层剖面中的构型多边形，为多边形边界提取创造条件。

构型多边形提取算法如下：

（1）按行列从小到大的顺序，遍历所有地层剖面上的所有单元网格，即 i 从 1 到 n，j 从 1 到 m，先行变换，再列变换。开始取 $i=1$，$j=1$，转步骤（2）。

（2）创建新的构型多边形，将当前网格（i，j）加到构型多边形的 DataRowColAry 中。所有网格单元向外扩展搜索相邻单元网格。

（3）从当前构型多边形的 DataRowColAry 中取一个网格单元，作为当前处理网格（i_c，j_c）转步骤（4）。

（4）根据其相邻的四网格单元，即（i_c-1，j_c）、（i_c+1，j_c）、（i_c，j_c-1）和（i_c，j_c+1）的构型属性值确定是否加入当前多边形中。具体的规则如下：如果网格的构型与当前多构型多边形的值相同，且 isAdd 为假，则加入，否则放弃加入。

（5）从当前构型多边形的 DataRowColAry 中取下一个未处理的网格单元向外扩展搜索，直至 DataRowColAry 中所有的网格单元都被处理，并转步骤（6）。

（6）i++，如果 $i > n$，则 j++，如果 $i > n$ 且 $j > m$，则结束算法。如果当前网格（i，j）的 isOutFind 为假，转步骤（2）；否则，重复步骤（6）。

为了对算法的正确性进行验证，在多边形中加入了边界网格单元容器 Boundary Data Row ColAry 来存储构型多边形的边界网格单元，测试结果表明，此构型多边形生成算法速度快，实现简单，稳健性好。

要实现地质符号的正确充填，需要知道多边形与多边形是否为邻接关系、包含关系，也就是建立多边形的拓扑关系。

为了快速建立构型多边形的拓扑关系，对构型多边形提取算法进行了改进，直接在构型多边形的提取过程中建立它们之间的拓扑关系。拓扑关系的建立分两步骤进行：第一步提取多边形的相邻多边形；第二步，根据相邻多边形建立其邻接和包含关系。

可以通过改进构型多边形提取算法，提取多边形的相邻多边形。具体改进算法的思路如下：

步骤（1）至步骤（3）不变。

关键是步骤（4），修改为：从相邻的四网格单元（i_c-1，j_c）、（i_c+1，j_c）、（i_c，j_c-1）和（i_c，j_c+1）的构型属性值确定是否加入当前多边形中。具体的规则如下：如果网格构型与当前构型多边形的值相同，且 isAdd 为假，则加入；否则，放弃加入。如果网格构型与当前构型多边形的值不相同，且 isOutFind 为真，则说明此单元网格所在的构型多边形与当前构型多边形相邻，如果这些构型多边形的索引号 id 在 relaPolygons 中不存在，则在这两个构型多边形的 relaPolygons 中彼此加上对方的 id，如此就可建立构型多边形的相邻关系。

通过上述构型多边形提取算法，只是建立了构型多边形之间的邻接关系，还要进一步分离出是相邻关系，还是包含关系，从而完成构型多边形的完整拓扑关系的建立，才能在 OpenGL 中正确进行岩性符号充填工作。

要确定多边形是否存在包含关系，需要知晓点与多边形之间的关系。可以用射线法进行点与多边形的关系判断，思路如下：

从点 P 向左作水平射线，如果 P 在多边形内部，那么这条射线与多边形的交点必为奇数；如果 P 在多边形外部，则交点个数必为偶数（0 -included）。顺序考虑多边形的每条边，便可求出交点总个数，算法复杂度为 O（n）。

对于边 PQ，特殊情况：

（1）如果射线穿过顶点 P 或 Q，则会被重复计数。

（2）如果 PQ 为水平线段，则有可能与射线"重合"。

处理办法：

对于（1），如果穿过的顶点纵坐标是 PQ 中较小的则忽略。对于（2），直接忽略，P 点要么在 PQ 上，要么不在。只需在开始判断一下是否在 PQ 上。

具体的算法步骤如下：

步骤 1：已知点 point（x，y）和多边形 Polygon（x_1，y_1；x_2，y_2；…；x_n，y_n）。

步骤 2：以 point 为起点，以无穷远为终点作平行于 X 轴的直线 line（x，y；$-\infty$，y）。

步骤 3：循环取得 [for（$i=0$；$i < n$；$i++$）] 多边形的每一条边 side（x_i，y_i；x_{i+1}，y_{i+1}），且判断是否平行于 X 轴。如果平行 continue；否则，$i++$。

步骤 4：判断 point（x,y）是否在 side 上。如果是，则返回步骤 1（点在多边形上）；否则，继续下面的判断。

步骤 5：判断 side 与 line 是否有交点。如果有，则 count++；否则，i++。

步骤 6：判断交点的总数。如果为奇数，则返回 0（点在多边形内）；如果为偶数，则返回 2（点在多边形外）。

根据上述算法返回的结果，就可以知道点与简单多边形之间的关系。如果返回 1，说明点多边形上；如果返回 0，说明点在多边形内；如果返回 2，说明点在多边形外。对于邻接的两多边形来说，如果其中组成多边形的所有顶点都在另一多边形内，则说明两多边表是包含与被包含的关系；否则，是相邻关系。通过这种判断，可以完成所有构型多边形的拓扑关系建立。

在完成了构型多边形所穿越网格、边界网格及相邻构型多边形之间的关系之后，要实现构型多边形的充填，必须在构型多边形所穿越网格中按逆时针或顺时针方向找出边界网格，并提取边界点。

下面总结出边界顺时针方向提取思路，为了便于描述，先将每个网格的四条边和顶点按顺时针方向依次编号，结果分别如图 3-59 和图 3-60 所示。

图 3-59　单元格网的边编号示意图　　图 3-60　单元格网的顶点编号示意图

下面以单元网格的 1 号边为例对其搜索方向进行说明，如果当前处理的目标单元网格为 (i, j)，则 1 号边搜索相邻的网格单元有三种情况，分别是向左、向上和向右，如图 3-59 所示，下面对三种情况分别进行说明。

上述三种情况中，首先要考虑是否满足向左搜索情况。

如果网格 $(i-1, j+1)$ 的构型值与目标单元网格 $(i-1, j+1)$ 的构型值相同，则考虑向此方向前进，如图 3-60 所示，满足这种情况，但不能向左前进搜索，且满足单元网格 $(i, j+1)$ 的构型值与目标单元网格 $(i, 1)$ 的构型值相同，才能按此方向搜索，如图 3-61（a）所示。依次记录下网格 $(i-1, j+1)$ 的 4 号边对应的两个顶点（先顶点 4、后顶点 1），加入边界顶点集中，下一步的目标单元为 $(i-1, j+1)$，目标边为 4 号边。

如果网格 $(i-1, j+1)$ 的构型值与目标单元网格 (i, j) 的构型值不相同，且网格 $(i, j+1)$ 的构型值与目标单元网格 (i, j) 的构型值相同，则向上方向前进搜索，如图 3-61（b）所示。依次记录下网格 $(i, j+1)$ 的 1 号边对应的两个顶点（先顶点 1、后顶点 2），加入边界顶点集中，下一步的目标单元为 $(i, j+1)$，目标边为 1 号边。

如果网格 $(i-1, j+1)$ 的构型值、网格 $(i, j+1)$ 的构型值都与目标单元网格 (i, j) 的构型值不相同，则向右方向前进搜索，如图 3-61（c）所示。记录下网格 (i, j) 的 2 号边对应的 1 个顶点（顶点 3），加入边界顶点集中，下一步的目标单元为 (i, j)，目标边为 2 号边。

单元网格的 2、3 和 4 号边都可按 1 号边的方式进行搜索（图 3-62），其过程基本相同，此外不再赘述。

随着计算机图形学技术的快速发展，OpenGL 可作为快速实现三维图形的计算可视化、仿真可视化主要途径之一。

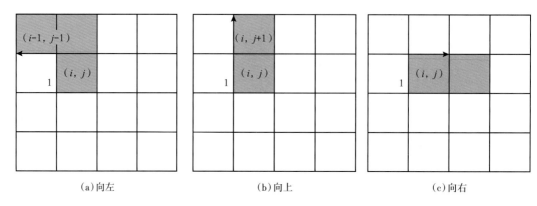

(a) 向左　　　　　　　　(b) 向上　　　　　　　　(c) 向右

图 3-61　边界搜索方向示意图

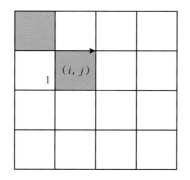

图 3-62　边界搜索方向特殊情况示意图

在 OpenGL 中，通过基本的几何图元——点、线、多边形来建立物体模型。在绘制地质曲面时，将空间四边形划分成平面上的小三角面片，然后用逼近的方法形成。OpenGL 中提供了大量的图形变换函数，这样在编程时无须进行复杂的矩阵运算，就可很方便地将三维图形显示在屏幕窗口。并且，为了增强图形的真实感，OpenGL 还提供了线面消隐、着色和光照、纹理映射和反走样等技术的一系列函数，这样就避免了纯图形学的算法，简化了编程，可以很方便地对地层面进行绘制、着色和光照处理。另外，OpenGL 还提供了用双缓存区实现动画的函数。利用 MFC 编写对鼠标的消息响应函数，可以通过拖动鼠标实现对三维实体的动态显示。

在 OpenGL 中进行图形操作，直到给出三维图形的基本步骤如下：

由基本的图形单元——点、线、多边形、图像，建立景物模型，并且对所建立的模型进行数学描述。把景物模型放在三维空间的合适位置，并且设置视点以观察所感兴趣的场景。计算模型中所在物体的色彩，其中的色彩根据应用要求来确定，同时还可以确定光照条件及纹理映射方式等。把景物模型的数学描述及其色彩信息转换到屏幕上的像素，即光栅化。

OpenGL 基本图形操作过程如图 3-63 所示。

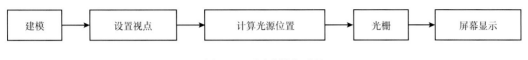

图 3-63　图形操作过程

通过上述步骤就可实现三维模型在 OpenGL 场景中的三维可视化，其中关键是要建立实体的模型，由于地层剖面模型已经在 Petrel 建立，只要在 OpenGL 中绘制对应的地层剖面单元网格，就可实现地层剖面的三维可视化工作，可视的结果如图 3-64 所示。

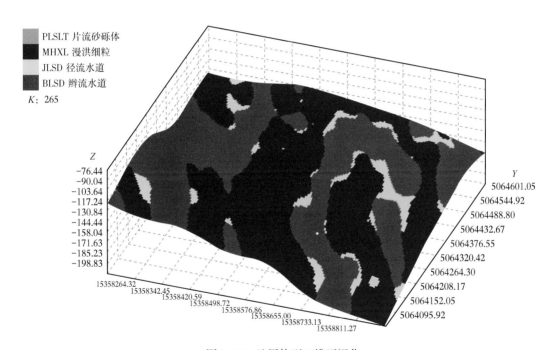

图 3-64　地层构型三维可视化

对基于 OpenGL 的构型剖面进行地质符号充填，需要了解 OpenGL 的充填规则。

OpenGL 中认为合法的多边形必须是凸多边形，凹多边形、自交多边形、带孔的多边形等非凸多边形在 OpenGL 中绘制会出现出乎意料的结果。例如，在大多数系统中，只有多边形的凸包被填充，而在有些系统中，并非所有的凸包都被填充。OpenGL 之所以对合法多边形类型做出限制，是为了更方便地提供能够对符合条件的多边形进行快速渲染的硬件。简单多边形可被快速地渲染，而复杂多边形难以快速检测出来。为了最大限度地提高性能，OpenGL 假定多边形是简单的。

解决凹多边形渲染的方法有多边形网格化法、模板缓冲法和凹多边形凸分解法。

（1）多边形网格化法。

对于非简单多边形、非凸多边形或有洞的多边形，OpenGL 在 GLU 库中提供了一个多边形网格化对象 GLUtesselator，对多边形进行网格化——将它们分解成一组简单的、能够进行渲染的 OpenGL 多边形。经测试，这种方法对凹凸多边形和自交多边形、带孔多边形都能正确地渲染。

（2）模板缓冲法（Stencil Buffer）。

第一步：申请模板缓存区（图 3-65）。为了使用 OpenGL 的模板功能，首先必须使用平台特定的 OpenGL 设置过程请求一个模板缓存区。在以 VC++.NET 为基础的 OpenGL 平台中，是在设置像素格式时在 PIXELFORMATDESCRIPTOR 结构中指定的模板缓存，并且需要指定模板缓存的位数。如果使用 GLUT，在初始化显示模式时请求一个模板缓存区，下面的代码设置了带模板缓存的双缓存 RGB 颜色缓存区：glutInitDisplayMode（GLUT_RGB|GLUT_DOUBLE|GLUT_STENCIL）。如果使用了全屏反走样功能，wgl Choose Pixel Format ARB 使用的参数中 int iAttributes［］。

```
={
    WGL_DRAW_TO_WINDOW_ARB,GL_TRUE,
    WGL_SUPPORT_OPENGL_ARB,GL_TRUE,
    WGL_ACCELERATION_ARB,WGL_FULL_ACCELERATION_ARB,
    WGL_COLOR_BITS_ARB,24,
    WGL_ALPHA_BITS_ARB,8,
    WGL_DEPTH_BITS_ARB,16,
    WGL_STENCIL_BITS_ARB,8,
    WGL_DOUBLE_BUFFER_ARB,GL_TRUE,
    WGL_SAMPLE_BUFFERS_ARB,GL_TRUE,
    WGL_SAMPLES_ARB,4,
    0,0
};
```

图 3-65　申请模板缓存区

其中，WGL_STENCIL_BITS_ARB 后面的参数决不能为 0，用 8 就可以。

第二步：清除模板缓存，并禁用颜色缓存的写入状态。glColorMask（GL_FALSE，GL_FALSE，GL_FALSE，GL_FALSE），将模板缓存操作函数设置为 GL_INVERT，glStencilFunc（GL_ALWAYS，0x1，x1）；glStencilOp（GL_KEEP，GL_KEEP，GL_INVERT）。

第三步：任取一个点 P（这里取所有点的平均坐标，也可以不是第一个点的），绘制三角扇，注意首末点要是同一个点，这样绘制所有三角形后，像素被覆盖偶数次，相应的模板缓存值为零，否则非零。

第四步：恢复状态。glEnable（GL_DEPTH_TEST）；设置模板缓存函数 glStencilFunc（GL_NOTEQUAL，0，0x1）；glStencilOp（GL_KEEP，GL_KEEP，GL_KEEP）；glColorMask（GL_TRUE，GL_TRUE，GL_TRUE，GL_TRUE）；绘制一个大的覆盖所有区

域的多边形（可用四边形），只绘制模板缓存为非零的像素，即可达到效果。

第五步：使用显示列表加快渲染速度，经测试，这种方法对凹凸多边形和自交多边形、带孔多边形都能正确地渲染。

（3）凹多边形凸分解法。

使用算法将凹多边形分解为多个凸多边形或一系列的三角形，然后进行渲染。这种思路对于由一条边组成的凹多边形还是可行的，但对于自交多边形和带孔多边形复杂度会很大，很难解决所有问题。

在使用 OpenGL 画图的过程中，由于 OpenGL 不支持直接绘制凹多边形，所以通常需要先将凹多边形转化为一组三角形。下面就是一个三角化多边形的算法。

①用单向循环链表保存多边形顶点，并计算这个链表中每一个顶点的凸凹性。

②在循环链表中顺序取 3 个结点 P、Q、R，如果 Q 为凸点，并且由 P、Q、R 所构成的 ΔPQR 不包含多边形上其他顶点，则计算 ΔPQR 的特征角（三角形内最小的角）。求出所有这样的三角形，从中选择特征角最大的 ΔPQR，保存该三角形，并从链表中删去结点 Q。

③如果链表中不存在 3 个以上顶点，则转步骤②。

④由链表中的最后 3 个顶点构成一个三角形。

通过上述提到的三种方法可以实现复杂多边形的绘制和构型充填（图 3-66），用模板缓冲法为例进行说明。在充填时，先设置好充填位图，并将其加载到 OpenGL 中，然后在绘制多边形时，可用如下的部分核心实现充填工作。

```
        glClear(GL_STENCIL_BUFFER_BIT);            // 模板缓冲
        glClearStencil(0x0);
        glEnable(GL_STENCIL_TEST);
        glColorMask(GL_FALSE,GL_FALSE,GL_FALSE,GL_FALSE);// 禁用颜色缓存写入重要
        // 设置模板缓存操作函数为GL_INVERT
        glStencilFunc(GL_ALWAYS, 0x1, 0x1);
        glStencilOp(GL_KEEP, GL_KEEP, GL_INVERT);
 glDisable(GL_DEPTH_TEST);          // 禁用深度缓存重要！！;
        glEnable(GL_POLYGON_STIPPLE);
glPolygonStipple(充填位图数据);
glBegin(GL_POLYGON);
DrawPolygon(CPolygon*g)
glEnd();
```

图 3-66　多边形的构形充填

基于上述构型模型地质符号充填技术的研究，将该构型充填系统对密闭取心井区建立的模型进行了应用，并取得了相应的成果，图 3-67 是构型模型，图 3-68 是构型多边形效果图，图 3-69 是构型多边形充填效果图。

扇缘构型、扇中构型和扇顶构型的应用实例效果如图 3-70 至图 3-75 所示。

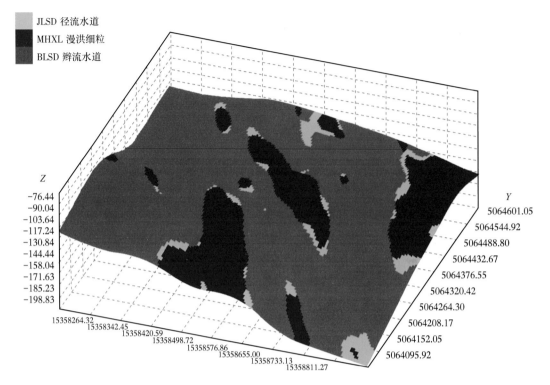

图 3-67 构型模型（$K=284$）

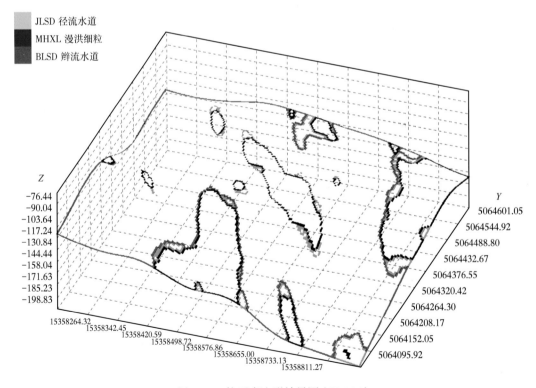

图 3-68 构型多边形效果图（$K=284$）

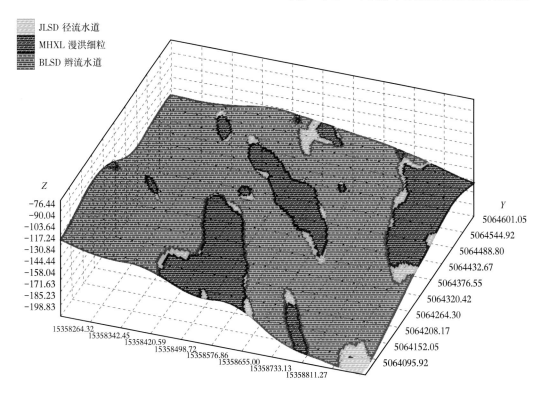

图 3-69　构型多边形充填效果图（$K=284$）

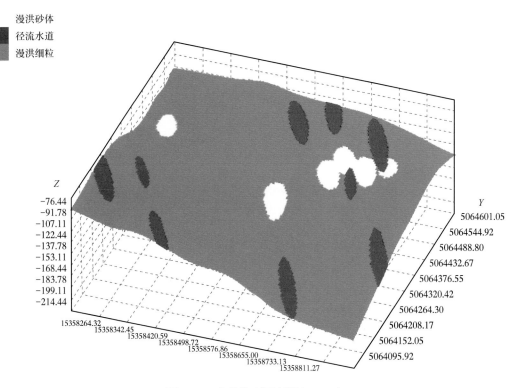

图 3-70　扇缘构型原型图（$K=74$）

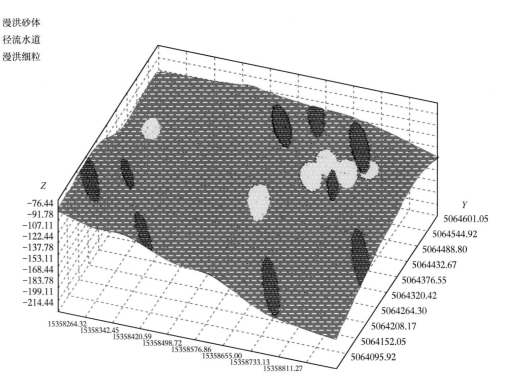

图 3-71　扇缘构型符号充填图（K=74）

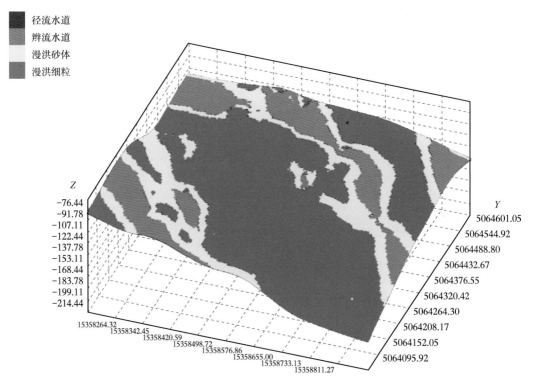

图 3-72　扇中构型原型图（K=97）

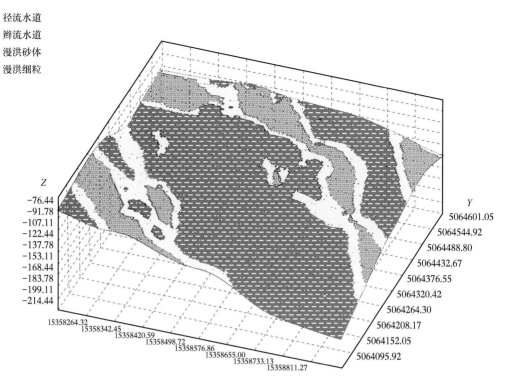

图 3-73 扇中构型符号充填图（K=97）

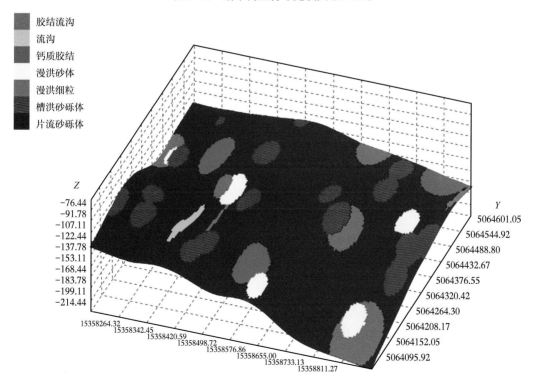

图 3-74 扇顶构型原型图（K=407）

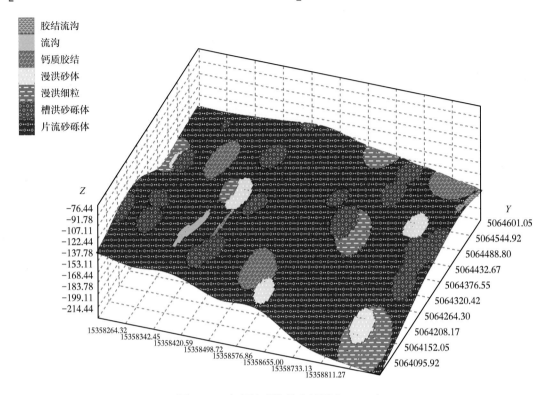

胶结流沟
流沟
钙质胶结
漫洪砂体
漫洪细粒
槽洪砂砾体
片流砂砾体

图 3-75　扇顶构型符号充填图（K=407）

第四章　冲积扇砾岩储层地质模型的建立

冲积扇砾岩储层内部结构复杂，非均质性强，本章主要介绍基于神经网络的冲积扇储层内部构型的识别方法，以六中区及七区为主要研究对象，针对克下组冲积扇储层构型单元建立了精细的构型模型及属性模型，并对模拟结果采用抽稀井、示踪剂动态资料及生产效果对比等多种方法进行检验，为砾岩油藏二次开发提供了科学依据。

第一节　基于神经网络的冲积扇构型识别

基于神经计算的智能信息处理是用神经网络、模糊系统等智能算法模仿和延伸人脑认知功能的新型智能信息处理系统，即模仿和延伸人脑的思维、意识、推理和记忆等高级精神活动来解决类脑智能信息系统的问题，目前多属性神经网络算法已被广泛应用于工程、能源等各大领域，本节主要介绍多属性神经网络在冲积扇构型识别中的应用。

一、多属性神经网络方法简介

Emerge 储层多属性分析技术是利用地震属性或测井曲线预测储层的性质，如岩石类型或物性参数等。基本原理是以井点的硬数据为基础，应用线性回归、人工智能神经网络等技术对井点处属性进行分析和训练，确定地震属性和目标测井曲线之间的关系，进而预测目标曲线在整个研究区的分布，该技术可以预测纵波速度、孔隙度、密度、自然伽马、电阻率、饱和度、岩性数据体等多种属性。

分析目标数据和地震属性关系最简单的方法是做二者的交会图，图 4-1 为目标构型曲线与声波时差的交会图。

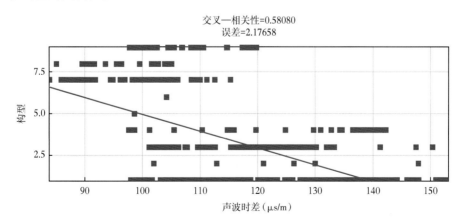

图 4-1　目标构型曲线与声波时差交会图

将传统的线性分析扩展到多属性（多元线性回归）容易实现。假设有 3 个地震属性，如图 4-2 所示。

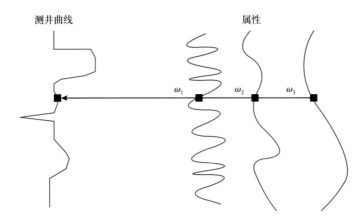

图 4-2　假设三个地震属性的情形

每个目标曲线采样点用同一时间采样点上的 3 种地震属性的线性组合来模拟：

$$L(t) = \omega_0 + \omega_1 A_1(t) + \omega_2 A_2(t) + \omega_3 A_3(t) \tag{4-1}$$

这个方程中的权重可通过最小化期望平均预测误差来获得：

$$E^2 = \frac{1}{N} \sum_{i=1}^{N} \left(L_i - \omega_0 - \omega_1 A_{1i} - \omega_2 A_{2i} - \omega_3 A_{3i} \right)^2 \tag{4-2}$$

对于 4 个权值的求解产生了标准正则方程组：

$$\begin{bmatrix} \omega_0 \\ \omega_1 \\ \omega_2 \\ \omega_3 \end{bmatrix} = \begin{bmatrix} N & \sum A_{1i} & Z\sum A_{2i} & \sum A_{3i} \\ \sum A_{1i} & \sum A_{1i}^2 & \sum A_{1i}A_{2i} & \sum A_{1i}A_{31i} \\ \sum A_{2i} & \sum A_{1i}A_{2i} & \sum A_{2i}^2 & \sum A_{2i}A_{31i} \\ \sum A_{3i} & \sum A_{1i}A_{3i} & \sum A_{2i}A_{3i} & \sum A_{3i}^2 \end{bmatrix}^{-1} \times \begin{bmatrix} \sum L_i \\ \sum A_{1i}L_i \\ \sum A_{2i}L_i \\ \sum A_{3i}L_i \end{bmatrix} \tag{4-3}$$

如图 4-3 所示，目标曲线与地震属性存在频率差异，将井曲线与地震属性进行点对点采样后进行相关性分析，结果可能不理想，需要应用褶积因子解决这种差异。也就是说，假定目标曲线的每个采样点都与地震属性相邻的一组采样点有关。

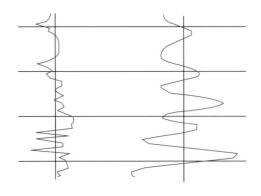

图 4-3　目标曲线（左）和地震属性（右）的对比

假设井曲线是声波阻抗，那么图 4-4 所示的 5 个褶积因子与地震子波密切相关。

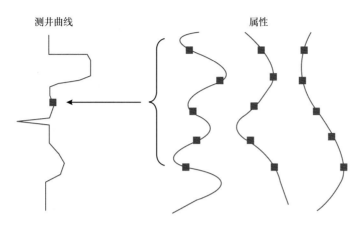

图 4-4 应用 5 点褶积因子对不同频率的属性和目标曲线进行相关

包含褶积因子的式（4-1）扩展为：

$$L = \omega_0 + \omega_1 * A_1 + \omega_2 * A_2 + \omega_3 * A_3 \qquad （4-4）$$

此处的 * 代表褶积，并且 ω_i 是因子系数指定的长度。同样的，因子系数可以通过最小化期望平方预测误差得到：

$$E^2 = \frac{1}{N} \sum_{i=1}^{N} \left(L_i - \omega_0 - \omega_1 * A_{1i} - \omega_1 * A_{2i} - \omega_1 * A_{3i} \right)^2 \qquad （4-5）$$

褶积因子等同于引进了一系列新的属性，这些属性相当于在原始属性上做了时移。

对于任意给定的一组属性，都可以通过前面的方程确定其最优算子，这些算子的最优化建立在实际目标曲线和预测目标曲线之间期望平方误差最小化的基础上，下面讨论的问题是如何选择属性。

一种可能的方法是穷举法。假设需要在给定的因子长度为 L 的 N 种属性中寻找 M 种最优属性，一种显而易见的方法是尝试所有 M 种属性的组合，对于每个组合，通过式（4-3）获得最优权值，预测误差最小的组合将被选择。

穷举法的问题是它的计算时间极长，一种大幅提高计算时间的方法称为逐步回归法（Draper et al.，1966）。这种方法假设最优的 M 种属性的组合已知，那么最优的 M+1 个属性包含先前的 M 个属性。当然，先前计算的系数必须重新获取，通过下列步骤进行简要说明：

（1）通过穷举法找到最优的单个属性，求出最优系数并且计算预测误差，最佳属性是其预测误差最小的那个，记为属性 1。

（2）寻找最优的属性对，假定第一个属性是属性 1，对于候选的每个属性，构建所有的属性对，例如，（属性 1，振幅加权相位）、（属性 1，平均频率）等，对于每一对，求出最优系数并且计算预测误差，最佳属性对是其预测误差最小的那对，形成最佳属性对的那个属性记为属性 2。

（3）寻找最佳的第三个属性，构建三维属性组，例如，（属性1，属性2，振幅加权相位）、（属性1，属性2，平均频率）等，对于每一个三维属性组，求出最优系数并且计算预测误差，预测误差最小的那组新增加的属性记为属性3。

继续这一过程直至得到所期望的结果。

此方法的计算时间比穷举法要短很多。假设25种属性，需要检测的组合数是：25+24+…+21=115，而穷举法需要6375600组。

逐步回归的优势之一是它将研究重点转移到属性表中的属性是否是线性独立的。这是因为逐步回归自动选择下一个属性，此属性对先前属性在正交方向上贡献最大。例如，假定有两个属性 A_i 和 A_j，具有如下关系：$A_j=a+bA_i$，这代表了线性独立的极端情况。随着逐步回归的进行，它们之中的一个被首先选择，记为 A_i，从此时起，另外一个属性 A_j 将永远不被选择。这是因为一旦 A_i 被包含进来了，加入 A_j 所带来的改进将肯定是0。总之，使用逐步回归方法可以采用任意的属性表，使用互为线性相关属性的代价是需要花费大量的时间。

如前所述，$M+1$ 种属性的多属性转换其预测误差一定不大于有 M 种属性的多属性转换。随着更多属性的加入，预测误差将逐渐下降（图4-5）。

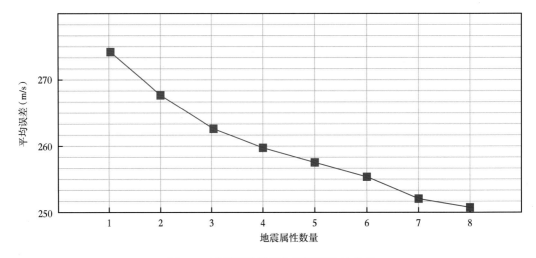

图4-5 地震属性数量与预测误差的关系

虽然加入更多的属性总是可以改善训练数据的拟合程度，但当应用于训练数据集外的数据时，这些属性可能没有什么意义，甚至可能会使结果变得更糟，这种情况有时称为"过度训练"。实际上，用更多的属性类似于用高阶多项式来拟合交会图。

交叉验证方法可以用来判定高阶属性拟合的可靠性，它把全部受训数据分成训练数据集和验证数据集。训练数据集用于导出变换，验证数据集用于测量最终的预测误差。如果训练数据集过度训练，那么验证数据集的拟合程度会较差。

如图4-6所示，用两条曲线对数据点进行拟合。实线为低阶多项式拟合结果，虚线为高阶多项式拟合结果。虚线与训练数据集吻合较好，但与验证数据集做比较时显示吻合程度较差。

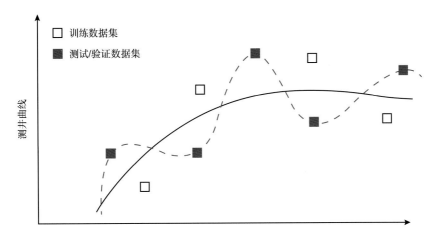

图 4-6　交互验证示意图（据 Hampson，2002）

在交叉验证过程中，每次都要去除一组数据（例如某口井的数据），总体校验误差为单个误差的均方根误差：

$$E_v^2 = \frac{1}{N} \sum_{i=1}^{N} e_{vi}^2 \qquad (4\text{-}6)$$

式中　E_v——总体校验误差；

　　　e_{vi}——i 井的校验误差；

　　　N——井数。

正如所预期的，校验误差总比训练误差大（图 4-7）。这是因为从训练数据集中去掉一口井总会导致预测能力的降低。同样要注意，校验误差曲线不是单调递减的。实际上，当属性数为 4 左右时，它存在一个范围较宽的局部最小值，然后又逐渐增大。可以认为属性数大于 4 时，系统训练过度。一般说来，如果校验误差曲线存在一个明显的最小值，可以认为此时的属性个数是最优的。如果校验误差曲线存在一个范围较宽的最小值，可以选择曲线明显不再下降的那个点，相当于图 4-7 中的前两种属性。

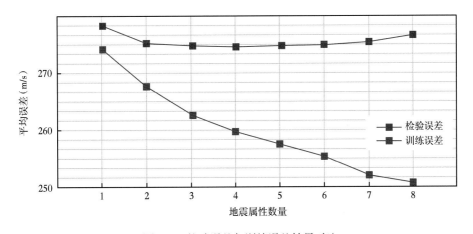

图 4-7　校验误差与训练误差结果对比

人工神经网络是在现代神经学研究成果的基础上发展起来的一种模仿人脑信息处理机制的网络系统,由大量的人工神经元广泛连接而成。尽管无法完全模仿人脑功能,但的确反映了人脑很多有用的特性,可以完成学习、推理和识别等功能。根据人工神经网络对生物神经系统的不同组织层次和抽象层次的模拟,可以组成各种各样的神经网络模型。下面重点介绍本节所采用的概率神经网络的基本原理。

概率神经网络(Probabilistic Neural Network,PNN)是由美国加利福尼亚州 Specht 博士在 1989 年提出的,它与统计信号处理的许多概念有紧密联系。当用这种网络检测信号进行模式分类时,可以得到贝叶斯估计最优结果。概率神经网络结构如图 4-8 所示。

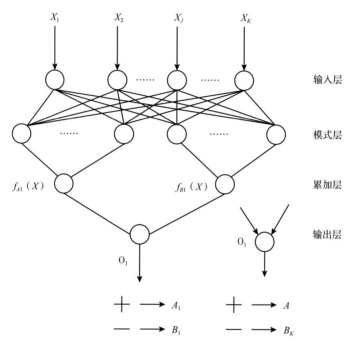

图 4-8　概率神经网络示意图

该网络通常由 4 层组成,第一层为输入层,每个神经元为单输入、单输出,其传递函数是线性的,这一层的作用只是将输入的信号用分布的方式来表示。第二层为模式层,它与输入层之间通过连接权 W_{ij} 相连接,该层第 i 个神经元的输入:$Z_i = X^T * W_i$,其中 $\boldsymbol{X}$ 为输入列矢量,$\boldsymbol{W}_i = \left[W_{i1}, W_{i2}, \cdots, W_{ip} \right]^T$,神经元的传递函数不再是传统的 Sigmoid 函数,而是

$$g(Z_i) = \exp\left[(Z_i - 1) / \sigma^2 \right] \tag{4-7}$$

第三层是累加层,具有线性求和的功能,这一层的神经元数目与预先的模式数目相同。第四层是输出层,该层具有判别功能,它的神经元输出为离散值 1 和 -1(或 0),分别代表着输入模式的类别。

PNN 是一种数学内插方法,它类似于多维空间上的克里金方法,只不过在实现时利用了神经网络的构架。它的潜在优点是利用数学公式,经过严密的推导来寻找输入参数和输出参数（目标参数）之间的非线性关系，因而计算结果比传统神经网络（黑匣子）更准确。该方法把统计信息和网络结合起来，具有很强的容错性。

概率神经网络在分析窗口中提取所有参与训练的井的样点数据组成训练数据。

$$
\begin{array}{cccc}
\{A_{11} & A_{21} & A_{31} & L_1\} \\
\{A_{12} & A_{22} & A_{32} & L_2\} \\
\{A_{13} & A_{23} & A_{33} & L_3\} \\
& \vdots & & \\
\{A_{1n} & A_{2n} & A_{3n} & L_n\}
\end{array}
\tag{4-8}
$$

式中　n——训练样点个数；

　　　A_i——地震属性；

　　　L_i——每个样点的测井曲线值。

对于给定的训练数据，PNN 假设每一个新的输出测井曲线值是属性值的线性组合。对于新输入的数据样点属性值 $X=\{A_{1j}, A_{2j}, A_{3j}\}$，它的输出测井曲线值通过以下方程式估算得到：

$$
\hat{L}(x) = \frac{\sum\limits_{i=1}^{n} L_i \exp[-D(x, x_i)]}{\sum\limits_{i=1}^{n} \exp[-D(x, x_i)]}
\tag{4-9}
$$

其中：

$$
D(x, x_i) = \sum_{j=1}^{3} \left(\frac{x_j - x_{ij}}{\sigma_j} \right)^2
\tag{4-10}
$$

$D(x, x_i)$ 是新输入样点 x 和待估点 x_i 之间的距离，在由属性组成的 n 维空间中计算得到，通过参数 σ_j 进行比例化，不同的属性间比例各不相同。在神经网络的训练过程中，通过最小误差验证得到参数 σ_j。第 h 个样点的验证公式如下：

$$
\hat{L}_h(x_h) = \frac{\sum\limits_{i \neq h} L_i \exp[-D(x_h, x_i)]}{\sum\limits_{i \neq h}^{n} \exp[-D(x_h, x_i)]}
\tag{4-11}
$$

当第 h 个点不参与训练时，则通过它与实际测井曲线值的差来计算预测误差。对所有的样点进行计算，训练数据的预测误差计算公式如下：

$$
E_v(\sigma_1, \sigma_2, \sigma_3) = \sum_{i=1}^{N} \left(L_i - \hat{L}_i \right)^2
\tag{4-12}
$$

要注意的是，预测误差的大小取决于参数 σ_j 的选择。σ_j 可由非线性共轭梯度算法来最小化。导出的神经网络具有最小的校验误差。PNN 法的一个不足是，因为它要转换所有训练数据，并将每个输出样本与每个训练样本进行比较，所以计算速度较慢。

二、神经网络训练数据准备

用于概率神经网络计算的 EMERGE 软件以测井曲线和地震属性数据为基础，建立测井曲线和地震属性的对应关系，然后利用这种关系"预测"测井曲线三维数据体。

本次冲积扇构型识别所需的数据资料包括两部分：一部分是需要预测的目标数据，包括构型划分曲线、层位文件等；另一部分是属性数据，包括原始地震提取的属性数据以及由测井曲线参数场转换而来的 SEGY 格式数据体，该数据体以外部属性的形式加入 EMERGE 软件中。下面从测井曲线和地震两个方面介绍数据准备。

1. 测试曲线数据

测井曲线参数场的建立是整个构型识别的基础，加入 SEGY 格式的测井曲线参数场能有效提高构型预测的精度和识别的可靠性。利用 Petrel 软件建立了与构型相关度较大的声波时差、地层电阻率、冲洗带电阻率、自然伽马、自然电位、补偿中子和密度 7 种测井曲线三维数据场。测井曲线参数场的建立包括以下几个步骤：

1）数据准备

以克拉玛依油田六中东区为例，该区共有 277 口井，包括小井距密闭取心井范围内的 57 口井，井网相对密集，收集的测井曲线参数建模数据主要包括以下内容：

（1）井头数据。井头数据主要包括井口的 X 坐标、Y 坐标、补心海拔，以及井的顶深及底深。

（2）井斜数据。井斜数据以 30m 和 50m 间隔记录斜井的倾向和倾角。

（3）分层数据。研究区克下组分为 S_6 和 S_7 两个砂组，并进一步划分为 7 个小层、11 个单层。针对工区的研究层位，整理了 11 个单层的分层数据，分层数据由井号、小层号、深度以及数据类型组成。

（4）测井数据。研究区的测井系列很多，不同井包含的测井曲线也不尽相同，结合前人的研究成果，以及测井系列在不同井中出现的频率，优选了声波时差、地层电阻率、冲洗带电阻率、自然伽马、自然电位、补偿中子和密度 7 条测井曲线，用于建立测井曲线三维数据场。

经过严格的数据整理，检验无误后导入 Petrel 软件中（图 4-9）。

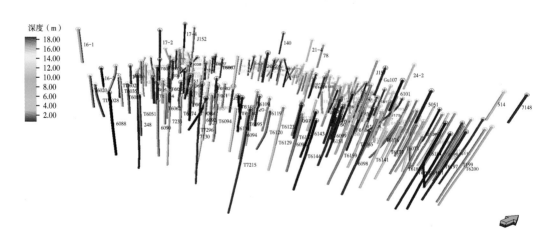

图 4-9　研究区六中东区井位

2）数据分析

（1）数据变换。

①测井曲线异常值检验：主要为截断变换，即剔除一些由于测井解释或测量仪器等造成的异常低值和异常高值，如声波时差曲线出现的负值，处理前后的对比如图 4-10 所示。

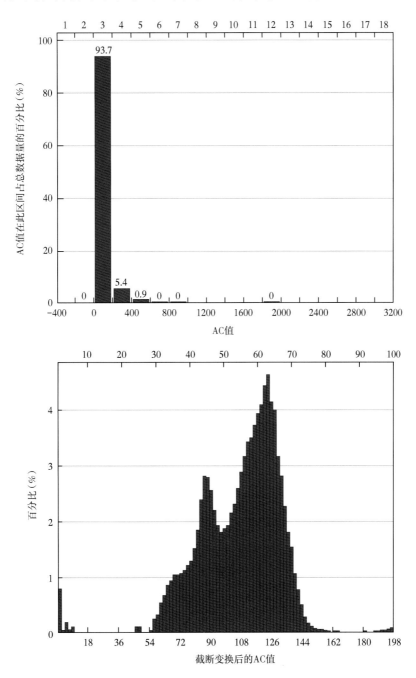

图 4-10　声波时差截断前后的分布对比

②正态变换：通过变换，使参数符合高斯分布，图4-11为自然伽马曲线进行正态变换后分布。

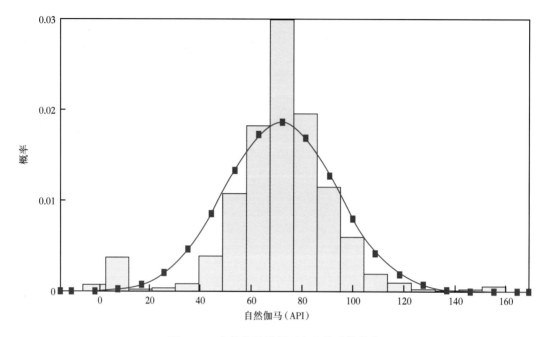

图4-11　自然伽马进行正态变换后的分布

（2）变差函数分析。变差函数反映储层参数的空间相关性。在对属性参数粗化模型进行变差函数分析时，由于不同小层、不同沉积微相的物性差异较大，因此需要分小层、分沉积微相进行变差函数分析。由于井空间分布的不均匀且属性参数值的变化大、非均质性强，通常计算得到的实验变差函数并不理想。因此，在实际的拟合过程中，可以应用地质概念模式来辅助估计变差函数的参数，主要是变程。变程的主方向大体为沉积相的主流线方向，主变程大体相当于沉积单元的长度，次变程大体相当于沉积单元的宽度，垂向变程大体相当于单一沉积单元的厚度。图4-12为S_6^1小层自然电位沿主方向、次方向和垂直方向的变差函数拟合图。

3）测井曲线参数场的建立

测井曲线参数场描述自然伽马、自然电位等测井参数在空间的三维展布特征。测井曲线参数场建立方法分为确定性和随机模拟两类。Petrel软件中确定性方法有近点取值、移动平均、函数插值（平坦面、双线性面、简单抛物面、抛物面）、克里金等几种方法；随机模拟一般采用序贯高斯模拟。克里金和随机模拟方法可以直接应用数据分析得到的参数统计特征及变差函数。对测井曲线粗化、数据转换和变差函数分析后利用序贯高斯模拟建立了测井曲线三维数据体。图4-13至图4-16分别为自然伽马、深侧向电阻率的测井三维数据体及其栅状图。

测井曲线参数场生成后需要将其转化为SEGY格式的数据体，以外部属性的形式加入EMERGE软件中。图4-17和图4-18为SEGY格式的声波时差和补偿中子三维数据体。

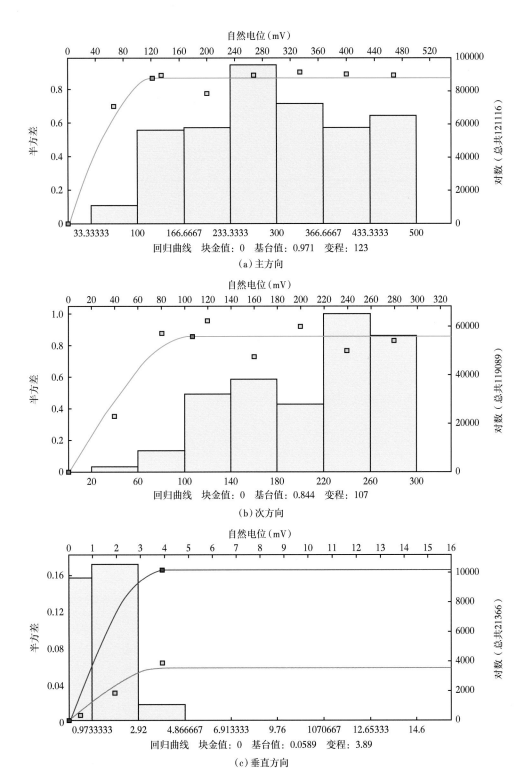

图 4-12　S_6^1 小层自然电位沿主方向、次方向和垂直方向的变差函数拟合图

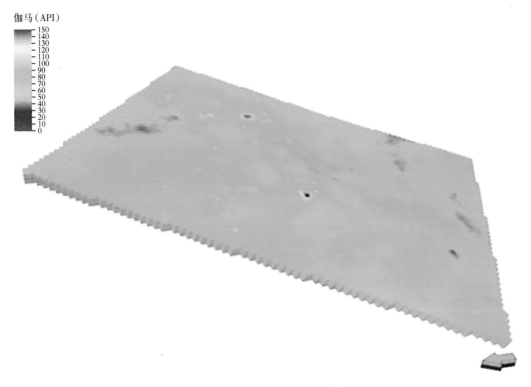

图 4-13　自然伽马三维数据体

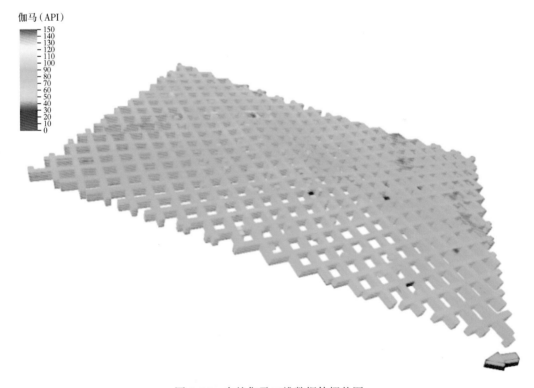

图 4-14　自然伽马三维数据体栅状图

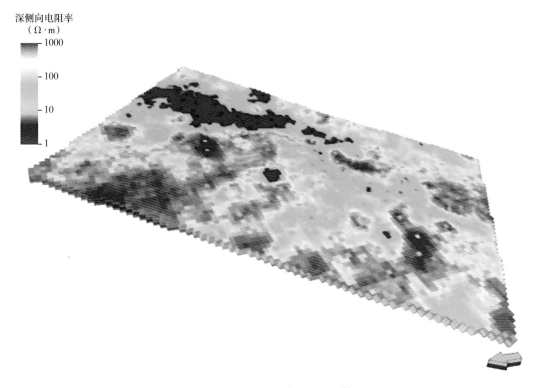

图 4-15 地层电阻率三维数据体

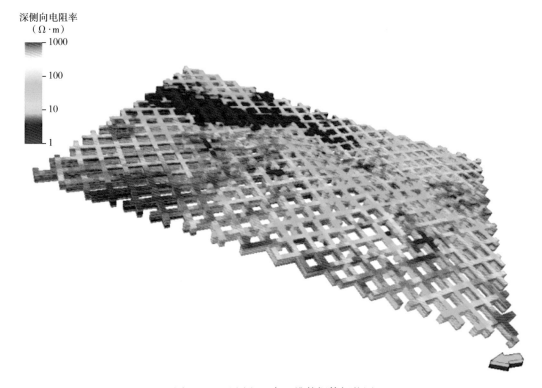

图 4-16 地层电阻率三维数据体栅状图

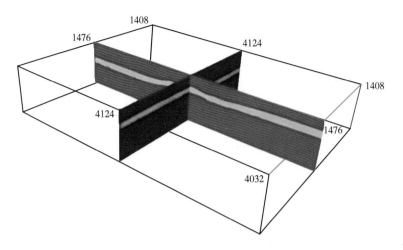

图 4-17　SEGY 格式的声波时差数据体

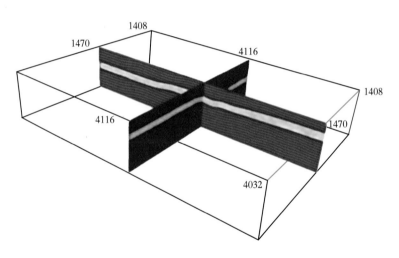

图 4-18　SEGY 格式的补偿中子数据体

2. 地震属性数据

用于地震解释的地震属性，概括起来可以分为以下 5 种：

（1）从运动学与动力学的角度，将地震属性分为振幅、频率、相位、能量、波形、相关、衰减等几大类。一般来说，这些属性具有明确的物理意义和地质意义，也得到广泛应用。

（2）按属性拾取的方法，将地震属性分为剖面属性、时窗属性和体积属性三类。剖面属性主要是指由特殊处理得到的剖面（如三瞬剖面、波阻抗剖面等）上的整体属性。时窗属性也称为层位属性或基于同相轴的属性，它是从地震数据中提取一个与界面有关的小时窗范围内的统计特征的属性，这也是实际生产中应用得较多的一种属性提取方法。体积属性是从一个三维数据体中产生的一个完整的三维属性体，这类属性能提供逐道之间连续的地震信号信息，如目前应用广泛的三维相干数据体。

（3）Taner 等（1994）将地震属性分为两类（图 4-19）：一类为几何属性，另一类为物理属性。几何属性通常与地震反射面的几何形态有关。例如，反射面的倾角、方位、曲率、同相轴中断、连续性等。几何属性主要用于地震地层学解释以及三维数据体的断层和构造解释。物理属性通常与波的运动学和动力学有联系。它又可分为 8 个小类，即振幅、波形、频率、衰减、相关性、速度、AVO 及其各种比率。统计属性主要是由地震属性派生出来的，它的提取和分析是在地震解释的过程中完成的。物理属性主要用于岩性和油藏特征的解释。

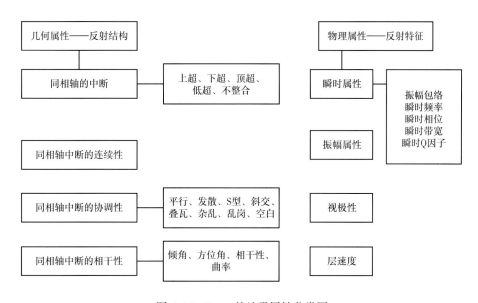

图 4-19　Taner 的地震属性分类图

（4）Brown（1996）将地震属性分为 4 种基本类型（图 4-20），即时间、振幅、频率和衰减属性。时间属性提供与构造有关的信息，振幅属性提供与地层和储层有关的信息，频率属性也提供与储层有关的信息，而衰减属性可能提供与渗透率有关的信息。Brown强调叠前和叠后的分类，随着地震资料处理技术的进步和越来越多的地震资料解释处理，多数地震属性是从叠后的地震资料提取，少数属性是从叠前的地震资料提取，如速度、AVO 等属性。由于对地震资料的处理能力迅速加强，今后对叠前地震资料的提取将越来越多。

（5）Chen 等（1997）主张按不同的解释目标分类。对于描述储层，按其特征分为亮点与暗点、不整合圈闭断块脊、含油气异常、薄储层、地层不连续性、石灰岩与碎屑岩储层的差异、构造不连续性、岩性尖灭 8 类属性。对于波的运动学和动力学特征，可分为振幅、波形、频率衰减、相位、相关、能量、比率 7 类属性。Chen 又根据属性的提取办法，分为瞬时属性、单道和多道分时窗属性，它们都是基于地震同相轴的属性。在三维情况下可以生成属性体。

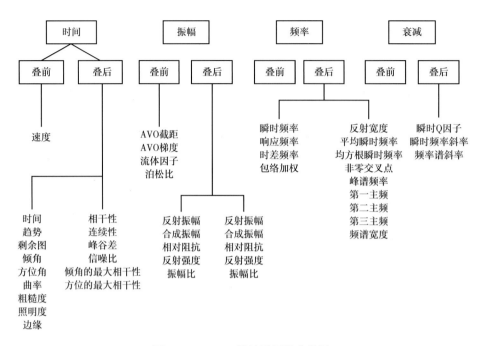

图 4-20　Brown 的地震属性分类图

属性分类的目的是便于解释人员根据解释目标在众多的属性中选择合适且有效的属性，并且能正确地使用这些属性，本次研究使用的 EMERGE 软件，它将地震属性分为瞬时属性（Instantaneous attributes）、窗内频率属性（Windowed frequency attributes）、滤波切片（Filter slices）、差分属性（Derivative attributes）、积分属性（Integrated attributes）和时间[Time（a linear ramp）]六大类，共包括振幅包络（Amplitude envelope）、振幅加权相位余弦（Amplitude weighted cosine phase）、振幅加权频率（Amplitude weighted frequency）、振幅加权相位（Amplitude weighted phase）、平均频率（Average frequency）、视极性（Apparent polarity）、瞬时相位余弦（Cosine instantaneous phase）、差分（Derivative）、瞬时振幅差分（Derivative instantaneous amplitude）、主频（Dominant frequency）、滤波切片 5/10-15/20（Filter 5/10-15/20）、滤波切片 15/20-25/30（Filter 15/20-25/30）、滤波切片 25/30-35/40（Filter 25/30-35/40）、滤波切片 35/40-45/50（Filter 35/40-45/50）、滤波切片 45/50-55/60（Filter 45/50-55/60）、滤波切片 55/60-65/70（Filter 55/60-65/70）、瞬时频率（Instantaneous frequency）、瞬时相位（Instantaneous phase）、积分（Integrate）、绝对振幅积分（Integrated absolute amplitude）、正交弧长（Quadrature trace）、二阶差分（Second derivative）、瞬时振幅二阶差分（Second derivative instantaneous amplitude）和时间（Time）24 个可用的内部属性。

地震属性的提取方式很多，目前多按照点、面、体提取属性，根据不同的研究目的采用合适的方式可以取得较好的效果。一般来说，逐个样点计算得到的是瞬时属性。面属性提取分为剖面和层面属性提取，剖面属性提取就是直接将地震剖面数据通过一些数学变换或方法转换为与地震反射波或岩石物性有关的新的地震信息，如复数道分析、时频分析、波阻抗反演等方法获得的地震属性剖面；层面属性提取是沿着代表目的层的反射界面或某一时间界面提取各种地震信息。它是三维属性提取的一种特殊方式（时窗长度为零），获得的是各类属性沿界面横向变化的信息，常用于预测与薄储层和微断层有关的隐蔽油气藏。体属性提取是在三维数据体中某一时窗内（时窗长度大于0）提取各种地震信息，可提供地震信号相似性和连续性方面的最佳信息，如相干数据体。常用方式有两种：一种是以一时间界面为起点，固定时窗长度的等时扫描，一般用于开发早期，对地质及油气情况认识相对较低的工作区；另一种是以代表目的层的顶底界面为时窗，用于勘探中晚期。

本次研究提取了24种叠后地震属性，图4-21以S_7^1小层为例，展示了振幅、振幅包络、瞬时相位、瞬时频率、瞬时相位余弦和积分道的空间分布。

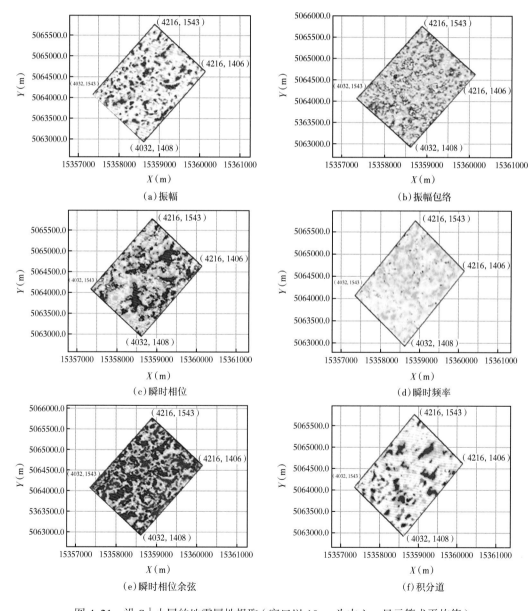

图 4-21　沿 S_7^1 小层的地震属性提取（窗口以 10ms 为中心，显示算术平均值）

三、神经网络训练

在提取地震属性后，进行地震属性的预处理，结合 7 种测井曲线参数场，用多属性分析技术对叠后地震属性和测井曲线属性进行优选，对概率神经网络的参数进行了多次试验，优选出适用于研究区的预测参数。神经网络训练按照下面的步骤完成。

1. 训练准备

以六中东区小井距密闭取心井范围内的 8 口取心井（图 4-22）作为训练井，利用 7 种 SGEY 格式的测井曲线参数场和 24 种叠后地震属性进行反演。

		Well Name	Well X	Well Y	Units	Well Type	KB Elev	Surf. Ele	Elev. Uni	Well Source
1	→	J581	15358418.80	5064436.80	m	UNSPECIFIED	274.20	266.70	m	ASCII Well
2	→	J582	15358546.30	5064168.60	m	UNSPECIFIED	271.70	264.20	m	ASCII Well
3	→	J583	15358515.50	5064381.70	m	UNSPECIFIED	274.40	266.90	m	ASCII Well
4	→	J584	15358570.00	5064275.40	m	UNSPECIFIED	272.80	265.30	m	ASCII Well
5	→	J585	15358630.80	5064374.00	m	UNSPECIFIED	275.00	267.50	m	ASCII Well
6	→	J586	15358625.60	5064279.50	m	UNSPECIFIED	273.40	265.90	m	ASCII Well
7	→	J587	15358691.40	5064479.90	m	UNSPECIFIED	274.90	267.40	m	ASCII Well
8	→	J588	15358737.60	5064279.30	m	UNSPECIFIED	271.80	264.30	m	ASCII Well

图 4-22　工区内的 8 口取心井列表

8 口井的目标数据为构型曲线，此外，还包括时深校正曲线和地质分层数据（图 4-23）。

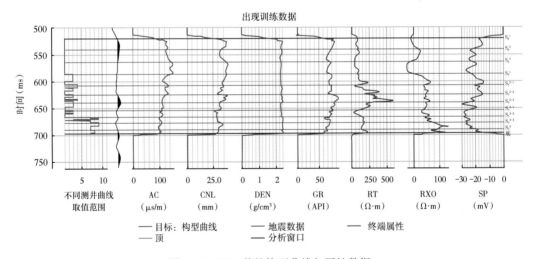

图 4-23　J581 井的构型曲线与属性数据

按照概率神经网络（PNN）的使用原则，当用回归方法确定系数时，使用训练数据库；当度量预测误差时，使用验证数据库。根据反演结果，挑选时深关系好、目标曲线与地震属性关系明显的 6 口井（J581、J582、J583、J584、J585、J587）作为训练井，J586、J588 作为验证井。

分析窗口的选择应尽可能包括预测目标层段的信息，但不能开得过大，以免包含其他不必要的信息。每口井在分析窗口中要有目标曲线，挑选曲线吻合较好的层段以便建立属性与目标曲线间的函数关系。按 S_6 和 Bottom 两个层面确定 8 口井的分析窗口，如图 4-24 所示。

Well Name	Start Time	End Time
J581	521.5	698.5
J582	635.375	758.125
J583	541	712.75
J584	592	713
J585	564.375	716.625
J586	577.25	715.625
J587	578.125	739.125
J588	600.75	742.125

图 4-24 分析窗口

2. 属性分析与优选

地震属性的引入通常经过一个从少到多，又从多到少的过程。所谓从少到多，是指在设计方案初期阶段应尽量多地列举出各种可能与解决问题有关的属性，以便充分利用各种有用的信息，吸收各学科专家的经验，改善最终数据分析或预测的效果。但是，属性的无限增加对最终应用会带来不利影响，一方面是某些地震属性可能与目的层本身无关，反映了浅层干扰的变化，若对输入属性不加鉴别地使用，这些属性只会引起混乱；另一方面大量属性中肯定会包含着许多彼此相关的因素，造成信息重复和浪费，而且属性数是与训练样本数有关的，就地震数据分析和预测而言，当样本数固定时，属性数过多会造成分类效果的恶化。因此，针对具体问题，必须从众多的地震属性中挑选一些最好的地震属性或属性组合，即进行从多到少的地震属性优化分析。

经过地震属性优化后，提出解决最终问题的优化组合属性集。经过优化属性找出对储层参数敏感的一组地震属性集，可用于储层预测或其他数据分析，利用神经网络学习器或多元回归方法，可得到地震属性集与储层参数之间的模式，用于预测未知的储层或进行其他数据分析。

多属性优选的具体步骤如下：

（1）通过 EMERGE 软件进行单属性分析，计算属性与目标曲线、属性之间的相关性；对 24 种叠后地震属性和 7 种测井属性进行单属性分析，得到各属性间的相关统计，如图 4-25 所示。

	Attribute 1	Attribute 2	Correlation
1	Derivative	Integrate	-0.998522
2	Integrate	Quadrature Trace	0.899921
3	Derivative	Quadrature Trace	-0.894141
4	Amplitude Weighted Cosine Phase	Cosine Instantaneous Phase	0.877004
5	Amplitude Envelope	Amplitude Weighted Frequency	0.867490
6	Amplitude Weighted Phase	Instantaneous Phase	0.863411
7	Cosine Instantaneous Phase	Filter 5/10-15/20	0.796062
8	Average Frequency	Dominant Frequency	0.791699
9	Amplitude Weighted Phase	Quadrature Trace	0.788494
10	Amplitude Weighted Cosine Phase	Filter 5/10-15/20	0.761888
11	Amplitude Weighted Frequency	Integrated Absolute Amplitude	0.754204
12	AC	Time	-0.703159
13	Amplitude Envelope	Integrated Absolute Amplitude	0.691201
14	Amplitude Weighted Phase	Integrate	0.672788
15	Amplitude Weighted Phase	Derivative	-0.667192
16	RXO	Time	0.646043
17	CNL	Time	-0.643198
18	AC	CNL	0.622463
19	Instantaneous Phase	Quadrature Trace	0.610285
20	AC	RXO	-0.567458

图 4-25　属性相关关系

（2）按照相关性的大小对属性进行分类，每一类中的属性认为是高度相关的。从每一类中提取一种属性作为代表，对属性进行初步优选（表 4-1），以达到降低反演属性维数的目的。

表 4-1　属性分类

第一类	第二类	第三类
Amplitude Weighted Cosine Phase；Cosine Instantaneous Phase；Filter 5/10-15/20；Instantaneous Phase；Apparent Polarity Filter 15/20-25/30	Amplitude Envelope；Amplitude Weighted Frequency；Integrated Absolute Amplitude；Derivative；Integrate	Average Frequency ；Dominant Frequency

（3）在前两步的基础上，初步挑选出主频（Dominant frequency）、滤波切片 15/20-25/30（Filter 15/20-25/30）、瞬时振幅差分（Derivative instantaneous amplitude）、平均频率（Average frequency）、视极性（Apparent polarity）、绝对振幅积分（Integrated absolute amplitude）、时间（Time）、正交弧长（Quadrature trace）、声波时差、地层电阻率、自然伽马、自然电位、补偿中子和密度 14 种属性。

采用多步回归分析对 14 种属性进行多属性优选。在分析窗口中进行误差验证，防止过度训练，得到最佳的属性组合个数以及相应的属性（图 4-26）。当属性数增加到 10 时，训练误差仍在减小，但验证误差增大，出现目标曲线过分拟合的情况，所以属性个数选 10。最佳属性组合为时间、瞬时振幅差分、声波时差、地层电阻率、滤波切片 15/20-25/30、自然伽马、自然电位、主频、视极性和绝对振幅积分。

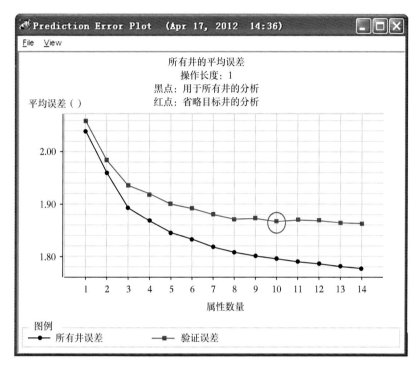

图 4-26　验证误差

3.概率神经网络参数实验

神经网络算法复杂，参数的设置对模拟结果和模拟所需时间的影响较大，研究区共 200 多平方千米，一旦开始对整个区域进行神经网络反演，则需要计算近百小时，因此首先选择单一地震道对神经网络参数设置进行调试，合理控制迭代次数。进行概率神经网络实验需要明确神经网络的参数类型，然后进行实验确定各参数取值。神经网络参数主要有褶积因子、Number of sigmas to try 和 Conjugate-Gradient iteration 3 个。

（1）褶积因子。

属性分析把目标曲线上的每一个样点与相应的地震属性上的样点建立了关系，所以它忽略了在测井曲线和地震数据间存在着较大的频率成分差异。褶积因子对交会图回归进行了扩展，包含邻近的样点，每一个目标样点都是由地震属性上的一组样点的加权平均预测出来的。这里的加权平均就是褶积。

（2）Number of sigmas to try。

概率神经网络有拟合和分类两种预测类型，在分类应用里面，如果有 M 个属性，使用的褶积因子为 N，则需要 $M \times N$ 个 sigma 来确定已知点和未知点的关系。

单个 sigma 值是由未知点与已知点间"距离"决定的权。这个"距离"被圆滑因子（sigma

值）所归一化，sigma 值由交叉验证自动确定。

确定 sigma 值有两个步骤：首先假设所有的 sigma 都有相同的值，通过试验一系列的 sigma 值，找出具有最小验证误差的 sigma 来确定一个最优的单个 sigma 值；然后通过共轭梯度迭代方法确定每个 sigma 的具体值。

这里的参数 Number of sigmas to try 就是完成第一步的、寻找单个最好的 sigma。

（3）Conjugate-Gradient iteration。

共轭迭代次数的设置，主要是完成第二步，使用这个全局 sigma 作为起始点，共轭梯度算法搜索能够最小化验证误差。

在确定最佳属性组合为 10 后，分别对褶积因子、sigma 值以及迭代次数的不同取值进行了 6 次实验，不同的实验结果见表 4-2。

表 4-2 不同参数设置的实验结果

实验编号	sigma 值	迭代次数	褶积因子	属性个数	培训时间（min）	预测误差
1	45	30	1	10	39	0.508
2	25	20	1	10	28	0.508
3	25	20	3	10	52	0.436
4	25	20	4	10	61	0.41
5	25	20	5	10	67	0.128
6	25	20	7	10	88	0.123

将实验 1 和实验 2 进行对比，sigma 值由 25 增加到 45，迭代次数由 20 增加到 30，其他参数不变，预测误差相同，证明 sigma 值和迭代次数两个参数对训练结果几乎没有影响，增大 sigma 值或迭代次数反而会增加训练时间，故可确定 sigma 值为 25，迭代次数为 20。将实验 4、5、6 进行比较，当褶积因子为 5 和 7 时预测误差都小于 0.128，而当褶积因子减少到 4 时，预测误差增加到 0.41，而且培训时间并没有显著减少，故可将褶积因子确定为 5。

4. 神经网络训练

首先，将所有井分为训练井、验证井和待预测井，对训练井依次应用单属性分析、多属性分析和神经网络训练，试验不同的训练参数；然后用验证井对神经网络的训练结果进行验证，优选预测精度高并且验证误差小的试验参数；最后在神经网络训练数据库中加入待预测的井，应用优选出的最佳训练参数对待预测井的构型曲线进行预测。

单井构型预测需要加载的数据包括构型曲线、地质分层和测井数据。本研究工区涉及的测井曲线较多，不同井的测井系列也不尽相同，为了尽可能充分利用测井曲线信息，需要选择出现频率较高且与构型曲线相关度较大的测井曲线。对六中东区 277 口井的测井数据进行了分析，并结合前人的研究成果，最终优选了声波时差、地层电阻率、冲洗带电阻率、侵入带电阻率、自然伽马、自然电位、补偿中子和密度 8 种测井曲线与构型曲线进行相关分析，选择了 172 口井，其中 8 口井（J581、J582、J583、J584、J585、J586、J587、J588）为训练井和验证井，其余 164 口井为待预测的未取心井。图 4-27 为加载到 EMERGE

软件中的 J581 井。

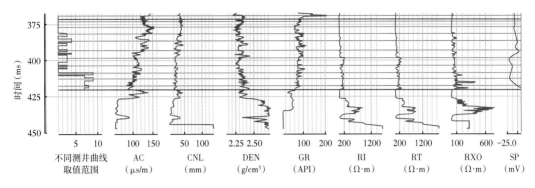

图 4-27　J581 井的数据加载

通过单属性分析可知 RT 和 RI 的相关性达到 0.99，即 RT 和 RI 线性相关，故可从属性集中去除 RI 以节省训练时间。当属性个数减少为 7 时，试验不同的褶积因子（1、3、5、7、9），得到的预测误差如图 4-28 所示。

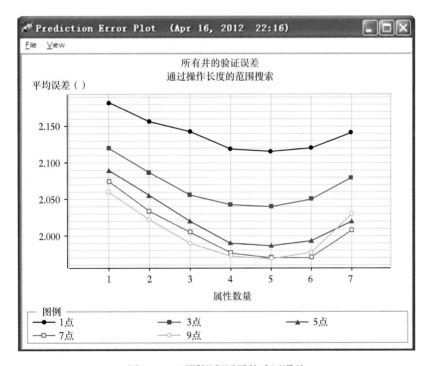

图 4-28　不同褶积因子的验证误差

随着褶积因子的增加，整体验证误差依次减小，但构型曲线和目标测井曲线的采样率基本相同，由前文所述可知，继续增加褶积因子不符合地质实际并且会出现过度训练的情况，故取褶积因子为 9，此时的最佳属性组合为 AC、GR、RXO、5SP 和 RT，训练误差和验证误差分别为 1.85 和 1.97，拟合相关值为 0.66（图 4-29）。

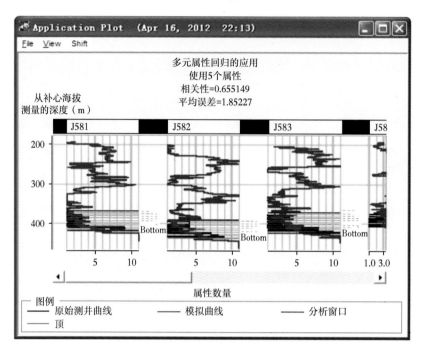

图 4-29　褶积因子为 9 时的拟合图

在多属性分析的基础上，应用神经网络对构型曲线和测井曲线进行训练，能得到更小的训练误差和验证误差以及更高的拟合相关值。当属性为 7、褶积因子为 9 时，各井的平均误差如图 4-30 所示。

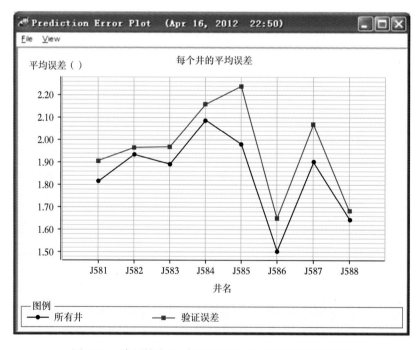

图 4-30　当属性为 7、褶积因子为 9 时各井的平均误差

由图 4-30 可知，J586 井和 J588 井的平均误差和验证误差均最小，故将其作为验证井，J581 井、J582 井、J583 井、J584 井、J585 井和 J587 井为训练井，采用聚类分析的训练误差和验证误差分别为 0.25 和 0.59（图 4-31），采用拟合分析的训练误差和验证误差分别为 1.20 和 1.81，拟合相关值达到 0.88（图 4-32），相对于多属性分析都有较大提高。

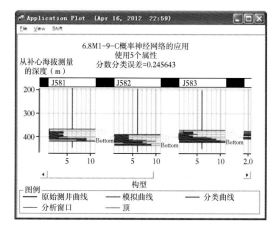
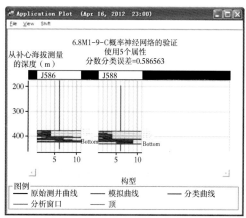

图 4-31　概率神经网络聚类分析的训练结果和验证结果

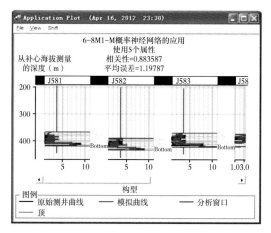
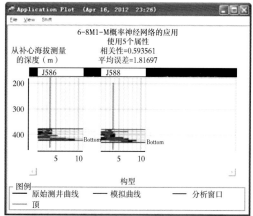

图 4-32　概率神经网络拟合分析的训练结果和验证结果

四、基于神经网络的冲积扇构型识别

应用优选出的最佳训练参数利用神经网络方法对六中东区未取心井的构型进行了识别，并与前人研究的构型划分结果进行对比分析，神经网络方法进一步提高了构型判别的预测精度。

对研究区 8 口取心井进行了 4 级构型单元专家划分和神经网络识别的对比分析，图 4-33 为取心井 J581 井和 J585 井对比结果。

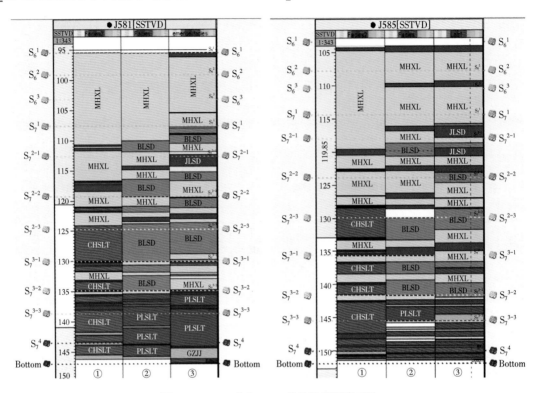

图 4-33　J581 井和 J585 井的构型要素对比

①根据前人给出的判别公式划分的构型；②根据岩心专家划分的构型；③根据神经网络方法识别的构型

通过图 4-33 可以看出，根据前人给出的判别公式划分的构型与根据岩心划分的构型符合度较低，且在扇顶（S_7^4—S_7^{3-2}）出现大量的槽洪砂砾体，这与实际的地质情况不符，神经网络的构型识别结果与根据岩心划分的构型符合度较高。在此基础上，对 J581—J584 井的构型识别结果进行了连井对比（图 4-34）。

从取心井的构型划分结果可知：在研究区扇顶（S_7^4—S_7^{3-2}）主要发育槽流砂砾体和片流砂砾体，漫洪砂体和漫洪细粒沉积夹含其中；扇中（S_7^{3-1}—S_7^1）主要由辫流水道、漫流砂体和漫流细粒沉积组成；扇缘（S_6^3—S_6^1）主要由径流水道、漫流砂体和漫流细粒组成。从单井构型识别结果上看，在研究区扇顶主要发育片流砂砾体和槽流砂砾体，钙质胶结的发育程度相对略高；扇中主要发育径流水道、辫流水道，漫洪细粒以互层形式夹杂其间，偶见漫洪砂体沉积；扇缘主要发育漫洪细粒，径流水道夹杂其间。对比岩心识别结果，神经网络方法对扇中和扇缘的构型要素识别效果较好，扇顶的识别效果相对较差，这主要是因为扇顶薄互层和夹层较多，相变速度快，神经网络方法所使用的采样率未能完全采集到这些薄互层。总体而言，神经网络方法已经较为精确地刻画了单井上的构型分布，相对传统的经验公式判别方法已经有了较大的提高。由于只采用了测井曲线作为属性数据，故识别的精度还有进一步提高的可能。

在 8 口取心井构型要素识别的基础上，对六中东区小井距密闭取心井范围内的 16 口未取心井（21-2A、J557、T6059、T6068、T6069、T6978、T6079、T6091、T6098、T6115、T6127、T6135、T6141、T6147、T6201、TD6088）进行了构型识别（图 4-35）。

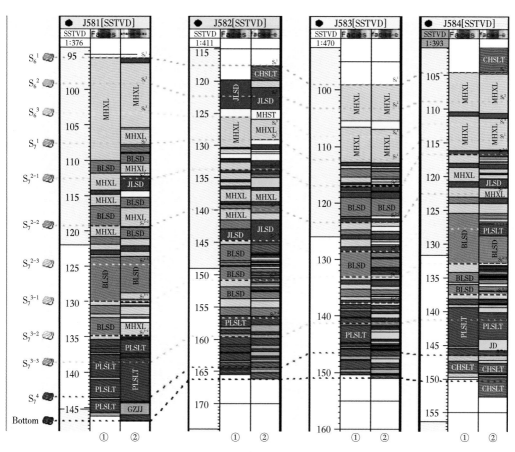

图 4-34　J581—J584 井神经网络构型识别结果对比

①根据岩心划分的构型；②神经网络的识别结果

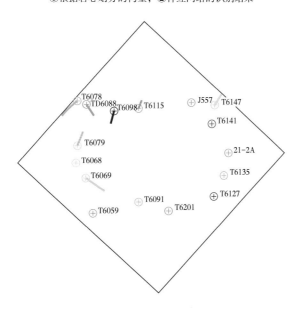

图 4-35　小井距密闭取心井 16 口未取心井的构型识别

在 16 口井构型识别的基础上，统计出冲积扇扇顶、扇中和扇缘不同构型单元的沉积厚度（表 4-3 至表 4-5）。

表 4-3　扇顶构型要素沉积厚度统计

井号	沉积厚度（m）									
	漫洪细粒	径流水道	辫流水道	漫洪砂体	槽流砂砾体	片流砂砾体	钙质胶结	流沟	基底	胶结流沟
21-2A			5.94	0.46		0.91				
J557		0.93	0.93	0.93		7.91				
T6059		2.23	0.45	1.79	0.46	3.13	0.45			
T6068			1.86	0.93	6.05	2.79			0.46	
T6069	0.91		0.45	0.45		4.98		0.91		
T6078			1.94		0.48	9.64	2.89	0.48	0.97	
T6079				6.66	1.34					
T6091			1.3			2.6	2.6			
T6098				0.47	2.78	3.73	0.93	0.47		
T6115	0.47		3.28	0.47	0.47	7.76	1.4	0.23		0.47
T6127	2.78	1.39	1.39	1.39		2.32	0.93			
T6135	0.45	1.34	1.34	0.45		4	0.448			
T6141	0.45		1.37	0.91		5.97	0.45	0.91		
T6147	0.46		2.72	0.46		4.98				
T6201	14.53	1.45		0.49		2.42				
TD6088	1.9			0.49	0.95	8.07				

表 4-4　扇中构型要素沉积厚度统计

井号	沉积厚度（m）									
	漫洪细粒	径流水道	辫流水道	漫洪砂体	槽流砂砾体	片流砂砾体	钙质胶结	流沟	基底	胶结流沟
21-2A	13.69	3.91	6.34	4.39						
J557	6.81	6.81	5.35	1.94		3.88	1.47	0.97		
T6059	8.81	3.91	4.88	3.91		6.36				
T6068	5.99	1.94	8.22	2.42	1.46	5.8				
T6069	3.4	4.38	17.49	0.49	0.49					
T6078	6.92	2.45	14.62	1.45		4.38		0.48		
T6079	10.26	2.43	13.2	1.94	1.48	1.42				
T6091	10.16	4.36	4.36	1.46	0.48	2.9	1.94	0.96		
T6098	8.31	3.43	10.27	2.93		2.78	0.93	0.47		
T6115	6.43	2.43	10.23	1.45		2.43				
T6127	11.6	3.38	5.79	1.45			0.48			
T6135	7.72	1.94	10.15	4.81		3.39		0.48		
T6141	16.5	4.37	2.44	0.98	0.49	0.49		0.49		
T6147	9.18	0.48	13.05	5.32						
T6201	14.53	2.42	1.46	0.49						
TD6088	14.53	2.42	1.46	0.49						

表4-5 扇缘构型要素沉积厚度统计

井号	沉积厚度（m）									
	漫洪细粒	径流水道	辫流水道	漫洪砂体	槽流砂砾体	片流砂砾体	钙质胶结	流沟	基底	胶结流沟
21-2A	9.33		1.87							
J557	9.28	1.39	1.86	0.47						
T6059	10.92	2.38								
T6068	2.51									
T6069	12.9	1.44	1.44							
T6078	9.54	1.91	0.95							
T6079	11.47	0.48		0.95						
T6091	8.31	0.92	0.47							
T6098	8.31	3.43	10.27	2.93	0.5	1.95		0.5		
T6115	9.53	3.8		2.38						
T6127	6.55	2.81			0.94					
T6135	9.5		0.48	1.43						
T6141	7.78	0.91	0.46	0.46						
T6147	8.42	2.34	0.47	0.47						
T6201	6.98	1.4								
TD6088	2.5									

从统计结果可以看出，扇顶主要发育片流砂砾体，片流砂砾体的平均沉积厚度为4.53m；此外，漫洪砂体和辫流水道的规模也较大，为密井网区扇顶的主体构型单元。漫洪砂体、钙质胶结和流沟的沉积规模较小，在扇顶中占较小的比例，约占13%，漫洪砂体的平均厚度为0.78m，钙质胶结为1.26m，流沟为0.23m。扇中以漫洪沉积和水道沉积主，漫洪细粒、漫洪砂体、辫流水道和径流水道4个4级构型单元在扇中所占比例达90%以上，沉积规模大，分布范围广，构型要素连片分布的特点明显。扇缘以漫洪细粒沉积为主，漫洪细粒在扇缘中所占比例达到70%以上，平均沉积厚度为8.36m，漫洪砂体、径流水道和辫流水道在扇缘的沉积规模较小，平均沉积厚度依次为1.3m、1.93m和2.03m。

在单井构型识别基础上，选择六中东区2.63km²工区范围（表4-6），以克下组S_6和S_7砂组为目的层段，利用神经网络训练得到的最佳参数对六中东区（图4-36）的构型进行了反演。

表4-6 工区边界相对坐标

边界点	X坐标	Y坐标
P1	15358613.00	5062938.00
P2	15357361.11	5064069.56
P3	15358884.89	5065755.36

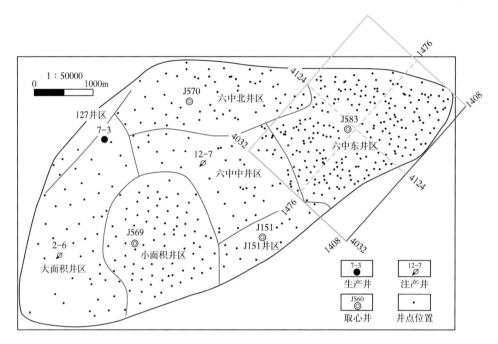

图 4-36　工区位置图

图 4-37 和图 4-38 为过 Inline=4157、Xline=1520 线的构型剖面，可以看出自上而下扇缘、扇中和扇顶构型单元的变化明显。扇顶主要发育片流砂砾体和槽流砂砾体，漫洪砂体和漫洪细粒沉积夹杂其间，局部流沟较为发育；扇中以辫流水道、漫洪砂体沉积为主，近扇缘一端偶见径流水道沉积；扇缘以漫洪细粒和径流水道为主，径流水道呈窄条状镶嵌其间。

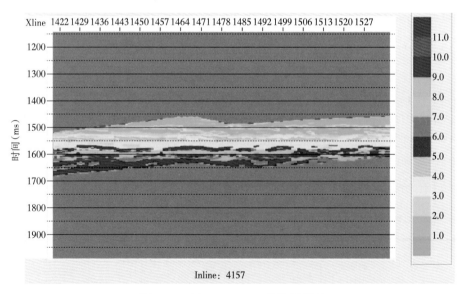

图 4-37　过 Inline=4157 的构型剖面

（色标 1~11 依次代表漫洪细粒沉积、径流水道、辫流水道、漫洪砂体、缺失区、槽流砂砾体、片流砂砾体、钙质胶结、流沟、基底、胶结流沟）

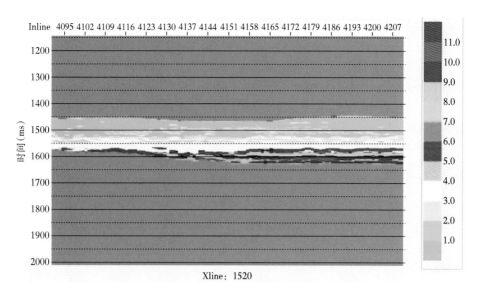

图 4-38　过 Xline=1520 的构型剖面
（色标 1~11 依次代表漫洪细粒沉积、径流水道、辫流水道、漫洪砂体、缺失区、
槽流砂砾体、片流砂砾体、钙质胶结、流沟、基底、胶结流沟）

图 4-39 为沿扇顶、扇中和扇缘的不同层面提取的构型切片，通过切片对比可以看到，不同亚相的构型单元空间分布特征明显，容易识别。

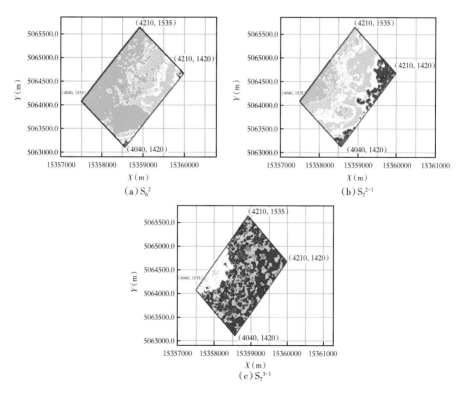

图 4-39　不同层面的构型切片

第二节 构型模型建立

基于神经网络识别出冲积扇内部储层构型单元，结合前面总结的适用于不同构型单元的建模方法，对克拉玛依油田六中东区的密闭取心井区进行精细的三维储层构型建模，按照扇缘、扇中和扇顶分别建立构型模型，并将其推广应用到整个六中东区，为属性参数模型的建立奠定基础。

工区范围主要由 8 口密闭取心井及周围部分井圈定（图 4-40），工区内无断层，主要目的层段为克下组。为了尽量刻画研究区各个构型单元的真实分布，对研究区进行了精细的网格划分，平面上网格步长为 5m×5m，I、J 方向网格数分别为 158 和 114，平面上总网格数为 18012，研究区面积 0.44km^2。

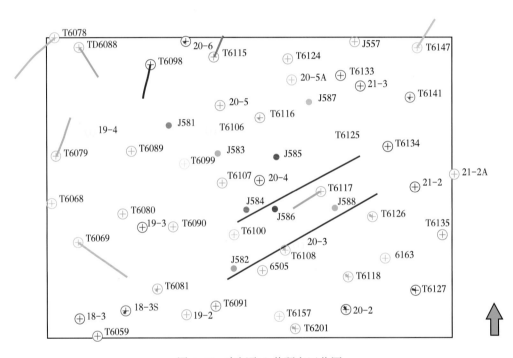

图 4-40 密闭取心井研究区范围

平面网格划分后，通过分层数据得到不同层位的构造层面。研究区储层自上而下为扇缘、扇中及扇顶：扇缘为 S_6^1、S_6^2 和 S_6^3 小层；扇中为 S_7^1、S_7^{2-1}、S_7^{2-2}、S_7^{2-3} 和 S_7^{3-1} 小层（单层）；扇顶为 S_7^{3-2}、S_7^{3-3} 和 S_7^4 小层（单层）。研究区 S_6^1 小层的构造层面如图 4-41 所示，不同小层构造形态的继承性较强。

垂向上划分了 11 个小层，建立了相应的体模型，如图 4-42 和图 4-43 所示，体模型较好地刻画了密闭取心井的构造形态及各小层的厚度分布。

为了精细地刻画厚度较小的构型单元，垂向上按照平均网格厚度为 0.125m 进行网格细分，密闭取心井区的总网格数为 7330884。

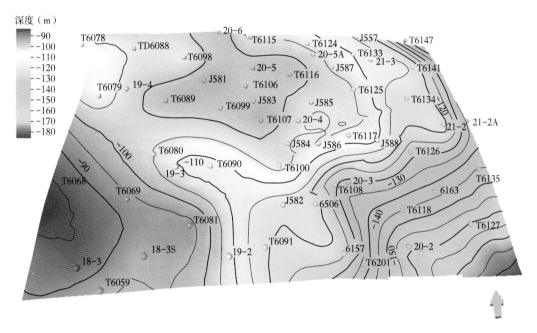

图 4-41 S_6^1 小层构造层面

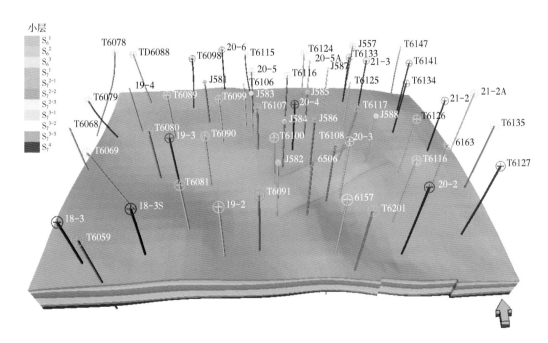

图 4-42 密闭取心井区体模型

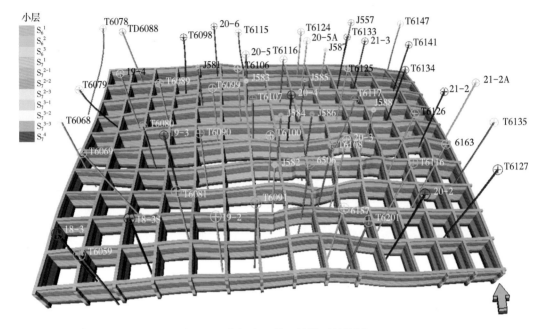

图 4-43　密闭取心井区体模型栅状图

一、扇缘构型建模

冲积扇扇缘构型主要包含漫洪细粒、漫洪砂体及径流水道。自 S_6^1 到 S_6^3 小层，径流水道逐渐增多，具体比例情况如图 4-44 所示。

从图 4-44 可以看出，扇缘以漫洪细粒为主，少量发育漫洪砂体和径流水道。S_6^1、S_6^2 小层基本上全是漫洪细粒，从 S_6^2 小层开始出现径流水道，但规模较小，厚度小于 1m，呈窄条状分布，一般小于一个井距 70m，自下而上总体上径流水道和漫洪砂体逐渐减少。扇缘是非主力层，且径流水道条件数据少，模拟结果不确定性因素较小，直接采用序贯指示模拟后进行去噪处理得到相应的构型模型。

首先进行变差函数分析（图 4-45 至图 4-47）。扇缘发育的径流水道为有效储层，对径流水道进行变差函数计算及拟合。

径流水道主方向为 303°，主变程 119m，次变程 58m，垂直变程 1.1m，与前人研究认为的径流水道的规模基本吻合。如图 4-48 所示，径流水道规模小，厚度小于 1m，呈窄条状分布。径流水道侧向被漫流细粒沉积遮挡，宽度一般小于一个井距 70m。

利用序贯指示模拟建立的模型如图 4-49 和图 4-50 所示，可以看出 S_6^2 小层的下段出现径流水道，漫洪砂体比 S_6^1 小层有所增加。

S_6^3 小层中径流水道比例占到 6%，为扇缘中径流水道最发育的小层。采用基于目标的模拟方法对径流水道及漫洪砂体进行表征，图 4-51 为径流水道的模拟参数：方向为区域内的物源方向，水道宽度小于一个井距，厚度通过密闭取心井统计得到。模拟结果如图 4-52 和图 4-53 所示。

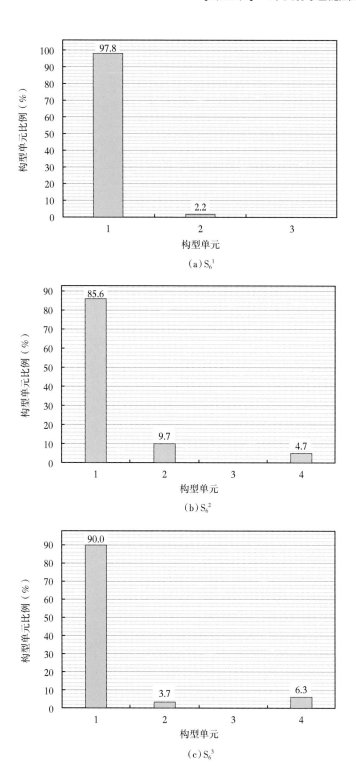

图 4-44 扇缘不同小层各构型比例分布

1—漫洪细粒；2—漫洪砂体；3—辫流水道，扇缘不发育辫流水道；4—径流水道

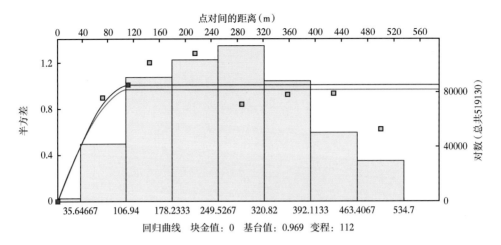

图 4-45　径流水道主方向变差函数

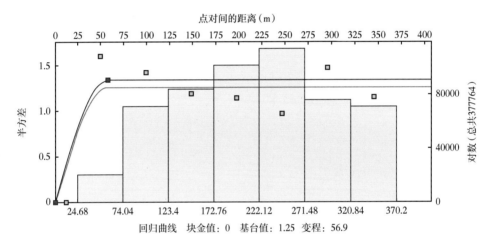

图 4-46　径流水道次方向变差函数

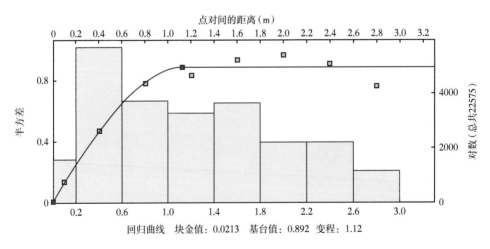

图 4-47　径流水道垂直向变差函数

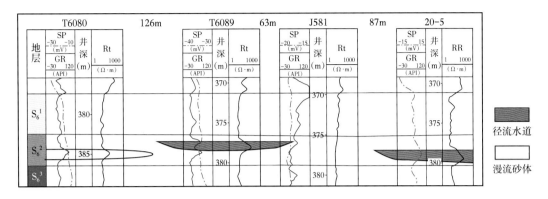

图 4-48　扇缘径流水道分布

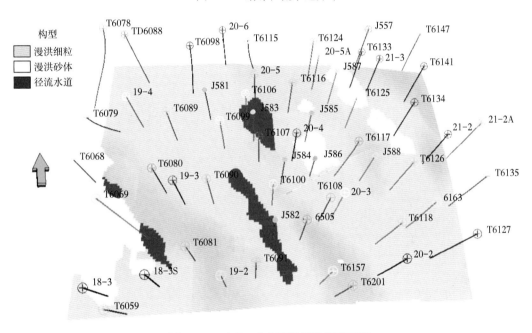

图 4-49　S_6^1 及 S_6^2 小层模拟结果平面图

图 4-50　S_6^1 及 S_6^2 小层构型模拟结果栅状图（拉平后垂向上放大 10 倍显示）

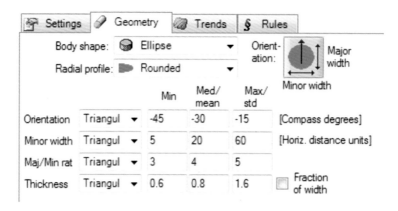

图 4-51　径流水道参数

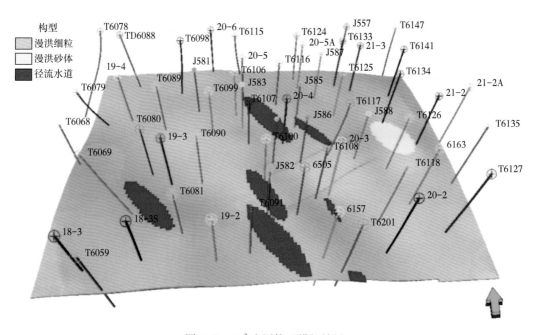

图 4-52　S_6^3 小层构型模拟结果

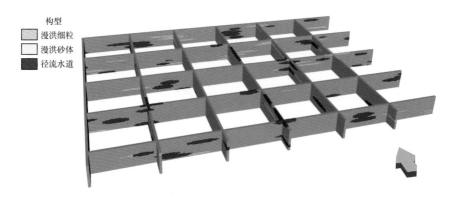

图 4-53　S_6^3 小层构型模拟结果（拉平后垂向上放大 10 倍显示）

图 4-54 和图 4-55 分别为扇缘密闭取心井构型单元厚度与模拟结果构型单元厚度分布图。

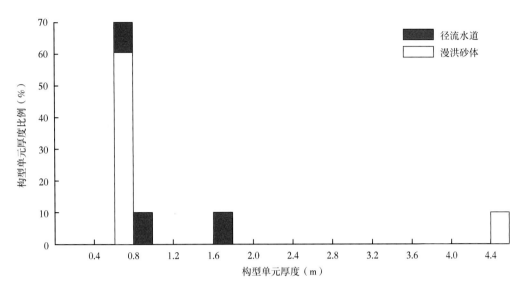

图 4-54　扇缘密闭取心井构型厚度分布

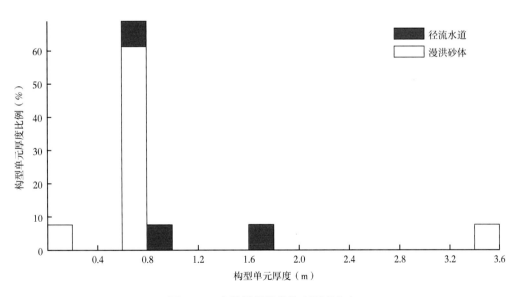

图 4-55　扇缘模拟结果构型厚度分布

通过密闭取心井的构型单元厚度分析可以看出，径流水道厚度基本分布在 0.6m、0.8m 及 1.6m，模拟结果与实际井上统计的数据基本一致。

图 4-56 为径流水道模拟结果的镂空显示（垂向上比例放大了 10 倍），径流水道的规模和形态都得到了较好的体现。图 4-57 为连井剖面的位置，图 4-58 为过密闭取心井 J582、J584、J585 和 J587 的连井剖面图，显示了垂向和井间构型单元的分布情况。

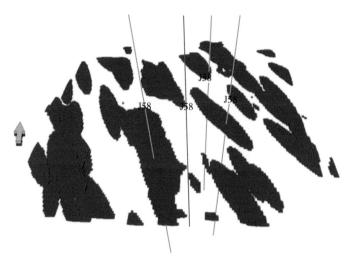

图 4-56　扇缘径流水道模拟结果镂空显示

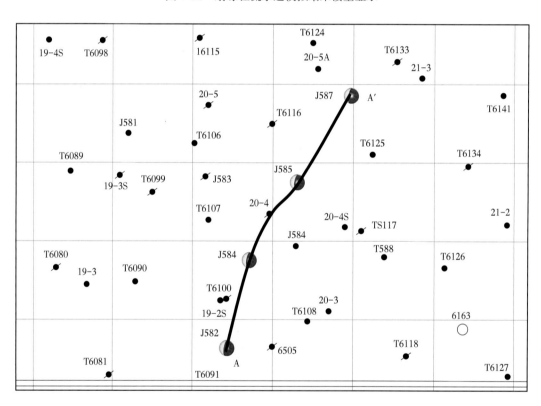

图 4-57　剖面位置示意图

二、扇中构型建模

扇中为冲积扇的主体，是研究区的主力产油相带，主要构型单元包含漫洪细粒、漫洪砂体、辫流水道、径流水道、片流砂砾体及钙质胶结。扇中的上段发育少量径流水道，下段发育少量片流砂砾体及钙质胶结，构型单元占比情况如图 4-59 所示。

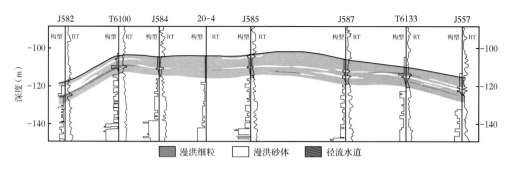

图 4-58　扇缘构型过井剖面

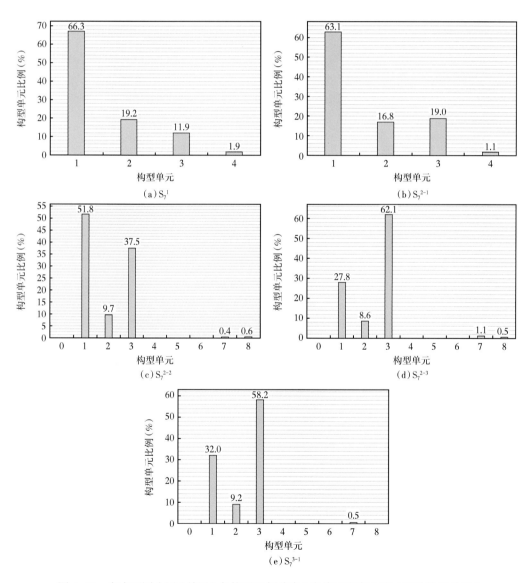

图 4-59　扇中不同小层（单层）各构型比例分布（扇缘不发育 5 和 6 两种构型单元）

1—漫洪细粒；2—漫洪砂体；3—辫流水道；4—径流水道；7—片流砂砾体；8—钙质胶结

S_7^{2-1} 单层主要为漫洪细粒、漫洪砂体及辫流水道，辫流水道两侧为漫洪砂体，两者有较好的接触关系。针对该单层主要采用多点地质统计学模拟方法，首先建立研究区的训练图像。图 4-60 为通过确定性赋值得到的训练图像，即通过数字化专家绘制的模式图得到，这样获取的训练图像无法刻画水道顶平底凸的形态，因此采用交互式方式对训练图像进行编辑，保证辫流水道在剖面上的形态符合地质模式（图 4-61）。

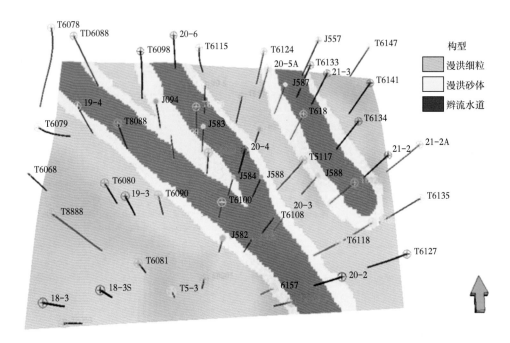

图 4-60　训练图像平面图

图 4-61　训练图像剖面图

通过多点地质统计学模拟得到 S_7^1 小层的构型模型，如图 4-62 和图 4-63 所示。其模拟结果比例与井上一致（图 4-64）。模拟结果比较好地刻画了辫流水道与漫洪砂体之间的接触关系，辫流水道呈窄条状分布，宽度为 80~140m，厚度在 1.2m 左右。

扇中 S_7^{2-1}、S_7^{2-2}、S_7^{2-3}、S_7^{3-1} 单层主要采用截断高斯模拟方法进行建模，合理刻画辫流水道与漫洪砂体间的接触关系及规模。扇中辫流水道规模变化较大，一般宽度为 100~300m，厚度为 1~3m。自下而上，辫流水道规模越来越小，通过图 4-65 可以看出辫流水道的比例也越来越小。

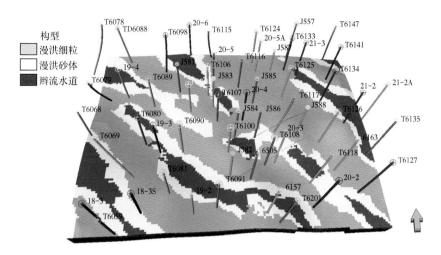

图 4-62 S_7^1 小层构型模拟结果

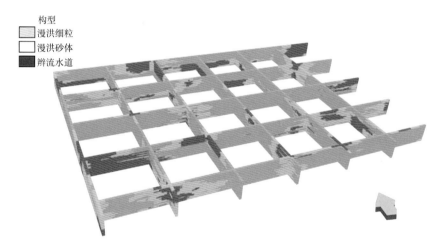

图 4-63 S_7^1 小层构型模拟结果栅状图（拉平后垂向上放大 10 倍显示）

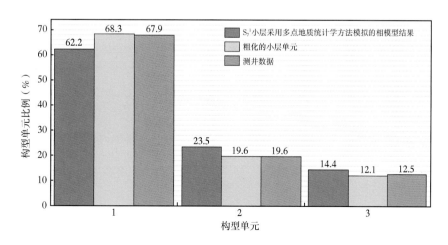

图 4-64 S_7^1 小层多点模拟直方图对比

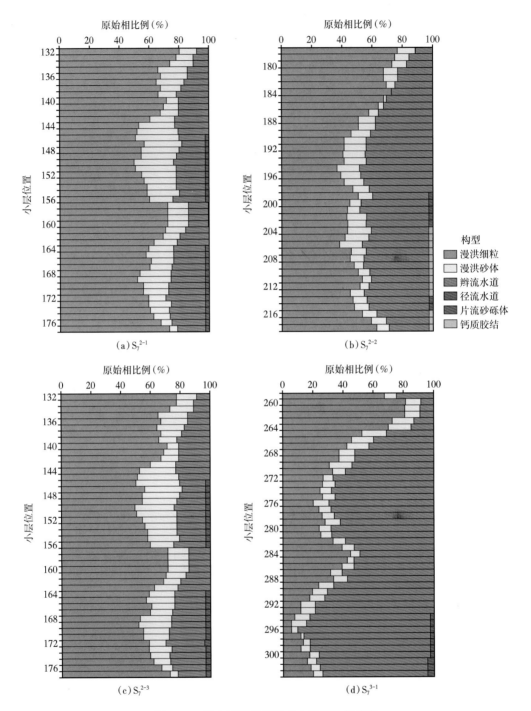

图 4-65　扇中不同单层垂向上构型比例分布

对构型单元进行变差函数计算及拟合，扇中主要构型单元为辫流水道，图 4-66 至图 4-68 为辫流水道的不同方向变差函数计算结果及拟合图。

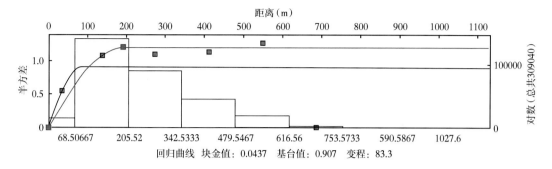

图 4-66 辫流水道主方向变差函数

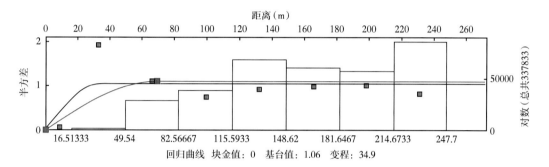

图 4-67 辫流水道次方向变差函数分析

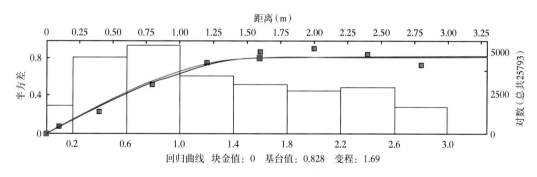

图 4-68 辫流水道垂直方向变差函数分析

辫流水道的主方向为 -42°，主变程 200m，次变程 70m，垂直变程 1.6m，与前人认识的辫流水道规模数据基本一致（表 4-7）。

表 4-7 辫流水道宽度分布

层位	辫流水道宽度（m）
S_7^1	80~140
S_7^{2-1}	100~200
S_7^{2-2}	100~250
S_7^{2-3}	150~300
S_7^{3-1}	200~300

扇中构型模拟结果（图4-69）显示，自下而上辫流水道有减少的趋势，工区西边 T6068 井附近辫流水道分布平面上及垂向上都比较连片，东边分布比较离散。图4-70 为扇中辫流水道在不同层位的镂空显示，可以看出辫流水道向上逐渐变窄，由连片状逐渐演变为孤立状。

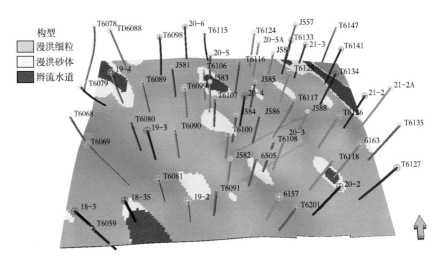

图 4-69　扇中构型模拟结果

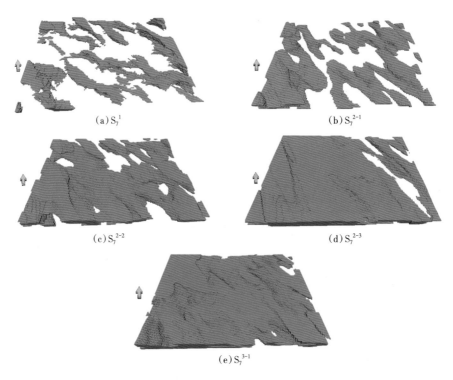

图 4-70　不同层位的辫流水道分布（垂向上拉平后放大 10 倍显示）

从扇中辫流水道等厚图（图 4-71）可以看出，密闭取心井区的物源方向为北西—南东向，向南东方向辫流水道的厚度逐渐变薄。

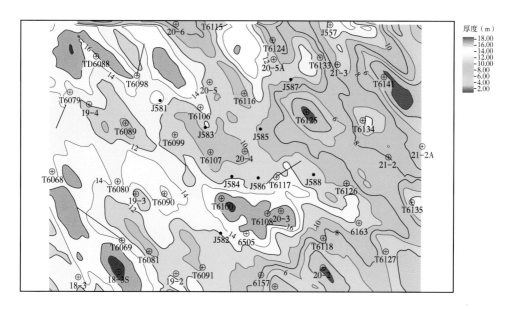

图 4-71　扇中辫流水道等厚图

连井剖面图（图 4-72）显示，辫流水道主要分布在扇中的下段，漫洪砂体自下而上有增加的趋势，与图 4-65 中垂向比例的分布吻合；上段主要是漫洪细粒，辫流水道比例减少，且以孤立状为主。

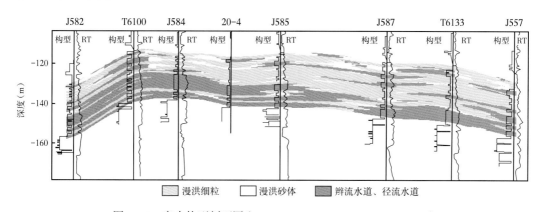

图 4-72　扇中构型剖面图（T6090、J584、J586、J588、T6126）

三、扇顶构型建模

扇顶主要为 S_7^{3-2}、S_7^{3-3} 及 S_7^4 小层（单层），主要构型单元为漫洪细粒、漫洪砂体、辫流水道、槽洪砂砾体、片流砂砾体、钙质胶结、流沟及胶结流沟。各构型单元的比例如图 4-73 所示，扇顶以片流砂砾体为主。自下而上漫洪细粒、漫洪砂体逐渐增多，槽洪砂砾体、钙质胶结逐渐减少（图 4-74）。

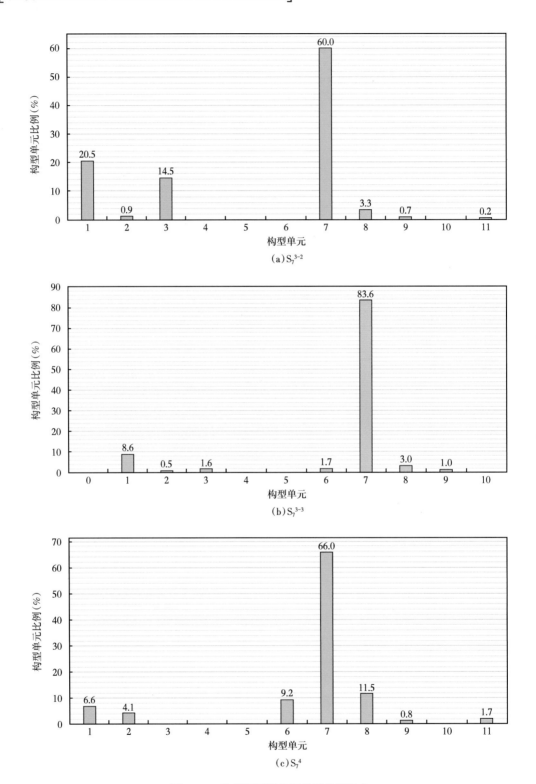

图 4-73　扇顶不同层位各构型比例分布

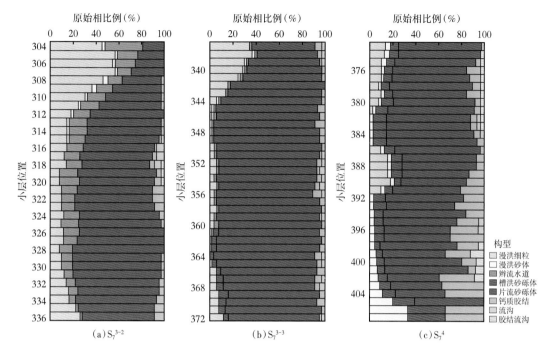

图 4-74 扇顶不同层位垂向上构型比例分布

扇顶中的槽洪砂砾体、钙质胶结等构型单元不具有扇中辫流水道及漫洪砂体的接触关系，利用前文分析优选的建模方法，主要采用基于目标的模拟方法对扇顶的构型单元进行模拟。统计扇顶中各构型单元的规模大小（表4-8、表4-9），确定各构型单元的形态（图4-75），利用图4-74中各构型单元垂向比例分布趋势，通过基于目标的模拟方法进行模拟，得到的模拟结果如图4-76和图4-77所示，模型较好地刻画了不同构型单元的形态以及在空间的分布特征。

表 4-8　流沟厚度分布

层位	厚度（m）							
	J581 井	J582 井	J583 井	J584 井	J585 井	J586 井	J587 井	J588 井
S_7^{3-2}					0.37		0.4	
								0.15
					0.42			
		0.2						0.2
S_7^{3-3}			0.17					

表 4-9 钙质胶结厚度分布

层位	厚度（m）							
	J581 井	J582 井	J583 井	J584 井	J585 井	J586 井	J587 井	J588 井
S_7^{3-2}		0.45						
		0.43						
S_7^{3-3}	0.52							
					0.27			0.48
						0.31		

图 4-75 钙质胶结参数设置

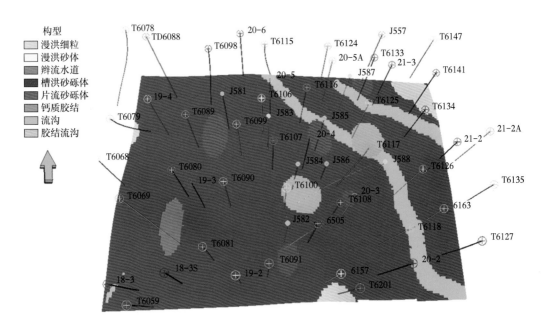

图 4-76 扇顶构型模拟结果

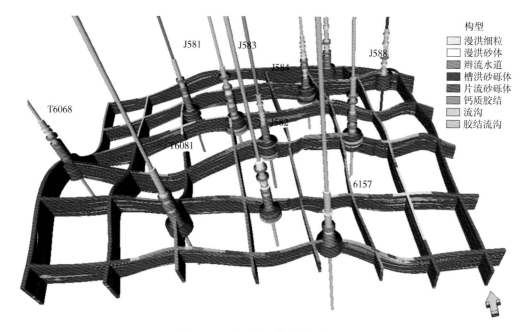

图 4-77 扇顶构型模拟结果栅状图

图 4-78 为模拟的连井剖面图，从连井剖面图可以看出，扇顶以片流砂砾体为主，少量发育漫洪细粒，下段可见槽洪砂砾体及零星分布的钙质胶结。J584 井所在的 S_7^4 小层槽洪砂砾体比较连片，钙质胶结全区都有零星分布，J586 井下段附近钙质胶结较多，漫洪细粒主要分布在 S_7^1 小层，漫洪细粒主要分布于 J584 井的西北边。

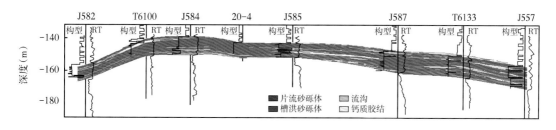

图 4-78 扇顶剖面图（J581、J583、J584、J582）

图 4-76 中径流水道的模拟是利用改写的基于目标的河道模拟方法实现的，能够体现流沟顺着物源方向宽度变宽、厚度变薄的趋势。图 4-79 是不同层位流沟的镂空显示，流沟的宽度基本上都在一个井距之内，可以看出流沟几何形态在空间中的变化。

图 4-80 为流沟砂体的等厚图，从图中可以直观地看出流沟顺着物源方向厚度变薄、宽度变大的趋势。

图 4-81 和图 4-82 分别为密闭取心井统计的构型单元厚度分布和模拟结果统计的构型单元厚度分布图，其中流沟与钙质胶结两种构型单元厚度主要分布在 0~1m 之间，模拟结果与密闭取心井统计的数据基本一致。

(a) S_7^{3-2}

(b) S_7^{3-3}

(c) S_7^4

图 4-79 扇顶流沟的模拟结果

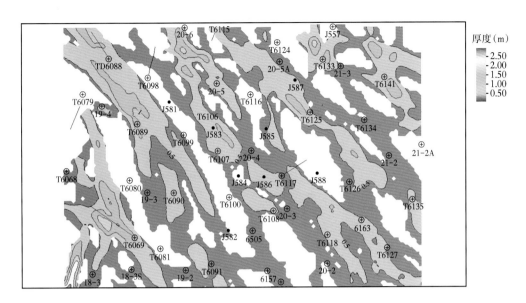

图 4-80　扇顶流沟等厚图

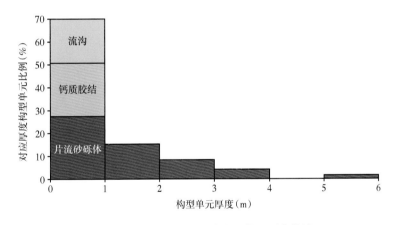

图 4-81　扇顶密闭取心井主要构型厚度统计

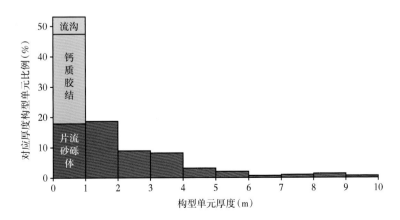

图 4-82　扇顶模拟结果主要构型厚度统计

四、构型模型

针对密井网区构型要素空间展布特点,采用不同的建模方法建立了六中密井网区精细三维构型模型。优选的建模方法在密闭取心井区取得较好的效果,能够刻画出构型间的接触关系、构型的形态及分布模式。目的层段自下而上为扇顶、扇中及扇缘,属于退积型冲积扇。扇顶以片流砂砾体为主,扇中以漫流细粒及辫流水道为主,扇缘以漫流细粒为主,总体上呈现正粒序,各亚相之间有明显的界线分隔(图4-83)。

图4-84为扇顶构型模型的剖面图,垂向上各亚相之间的界线比较明显,同时比较好地展现了各构型单元在垂向与井间的接触关系及展布情况,与前人解释的剖面图(图4-85)具有良好的一致性。图4-84与图4-85较好的一致性也说明了优选的建模方法和采取的建模策略是可行的,能够应用到整个研究区的模拟。

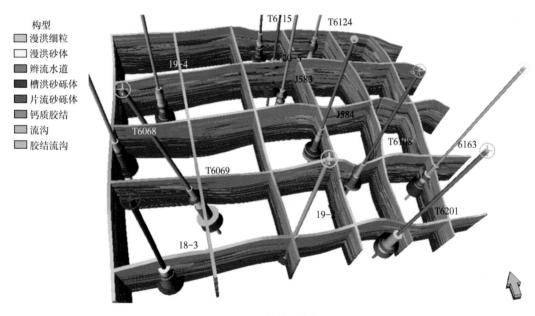

图4-83　整体构型栅状图

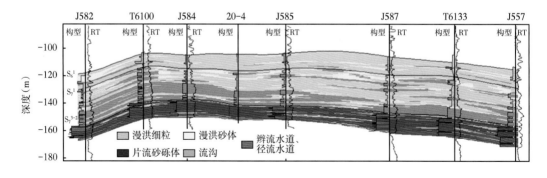

图4-84　模拟结果扇顶剖面图(J582、J584、J585、J587)

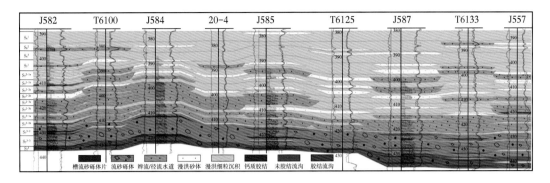

图 4-85　前人解释的对应剖面图

将密闭取心井区形成的建模方法推广应用到整个六中东区及七区，对其储层构型进行有效的表征，为油田后期挖潜提供指导。

六中东井区位于整个六中区的东面，面积约为 2.63km^2，工区内存在 23-2 井断层和 T6129 井断层，如图 4-86 所示。

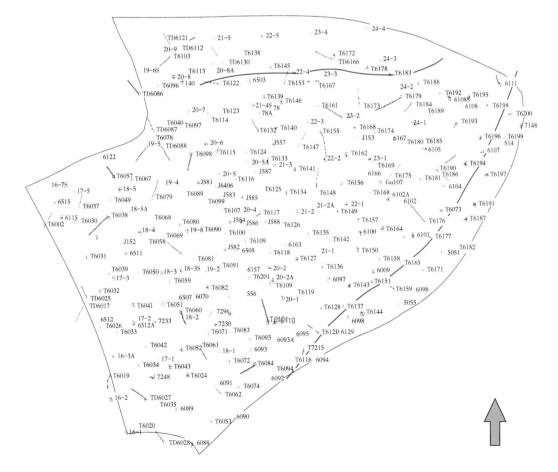

图 4-86　工区边界及断层位置

按照网格步长 25m×25m 建立平面网格，I、J 方向网格数量分别为 96 和 70。垂向上与密闭取心井一样，建立 S_6^1 至 S_7^3 4 层位的小层顶面构造图，图 4-89 为 S_6^1 小层的顶面构造图，其余层位具有比较好的继承性。

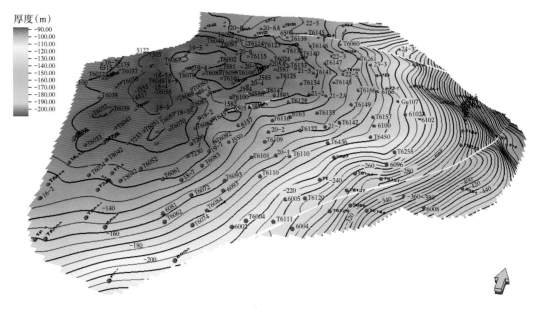

图 4-87　S_6^1 小层顶面构造图

六中东区的体模型如图 4-88 和图 4-89 所示，较好地刻画了各小层的厚度分布。

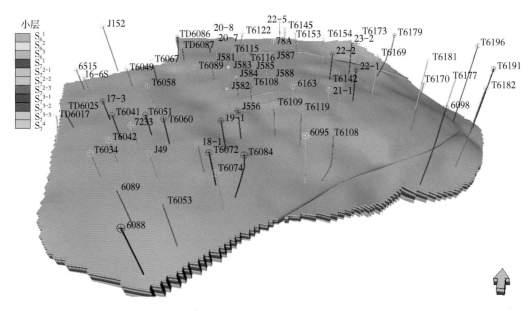

图 4-88　六中东区体模型

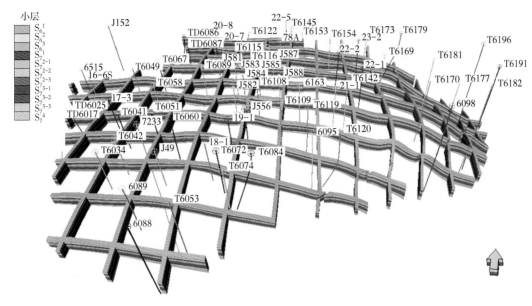

图 4-89　六中东区体模型栅状图

纵向上对不同小层进行网格细分，平均网格厚度为 0.25m，细分后纵向上总网格数为226，六中东区总网格数为 1518720。

六中东区与密闭取心井所在的实验区构型种类一样，建模方法与密闭取心井区保持一致。由于工区范围改变，各构型比例有所变化，但总体上扇顶都是以片流砂砾体为主，扇缘以漫洪细粒为主，扇中上段漫洪细粒占多数，下段以辫流水道为主。

六中东区 S_6 小层基本上为扇缘漫洪细粒沉积，根据密井网区经验，采用序贯指示模拟方法，模拟参数通过井数据计算并参考构型规模确定，计算得到的模型如图 4-90 所示。

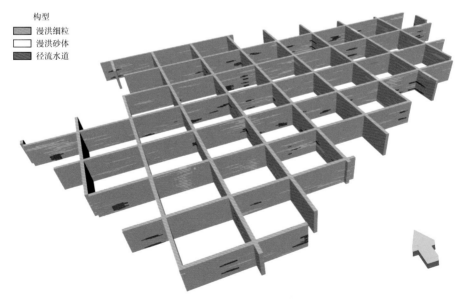

图 4-90　扇缘构型栅状图

选择六中东区的两条过井剖面（图 4-91），近东西剖面依次穿过井 T6198、T6193、T6180、T6162、T6134、J584、T6090、T6050 和 T6017；近南北剖面依次穿过井 T6113、T6114、T6115、T6116、T6117、T6118、T6119 和 T6120。

扇缘构型剖面如图 4-92 和图 4-93 所示，可以看出扇缘基本上为漫洪细粒沉积，中下段开始出现径流水道，下段开始出现少量辫流水道，中间夹有少量漫洪砂体。

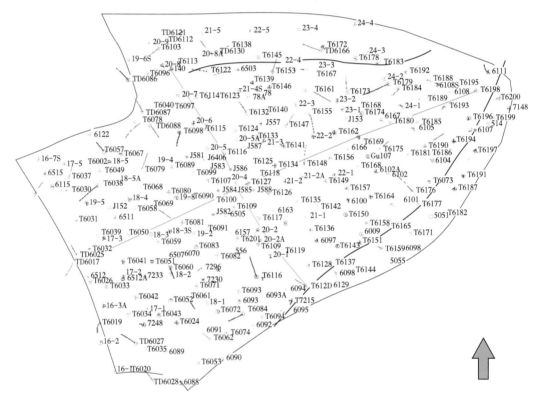

图 4-91　剖面位置图

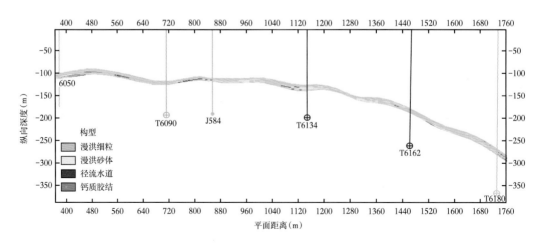

图 4-92　扇缘构型剖面图（近东西剖面）

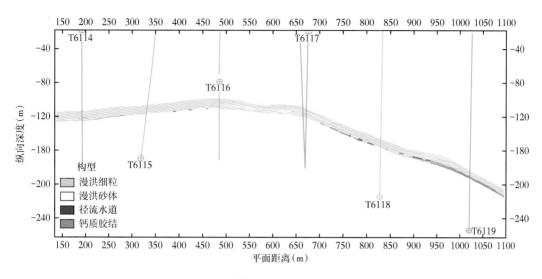

图 4-93　扇缘构型剖面图（近南北剖面）

　　扇中亚相包括 S_7^1 小层到 S_7^{3-1} 单层，为研究区主力产油相带。构型单元主要为辫流水道与漫洪砂体，且在平面上相互接触的关系明显，主要考虑用截断高斯模拟方法进行模拟。图 4-94 为 S_7^{2-2} 单层截断高斯模拟的结果，模型较好地刻画了辫流水道与漫洪砂体的接触关系，辫流水道分布比较广泛，漫洪砂体分布在其两侧。

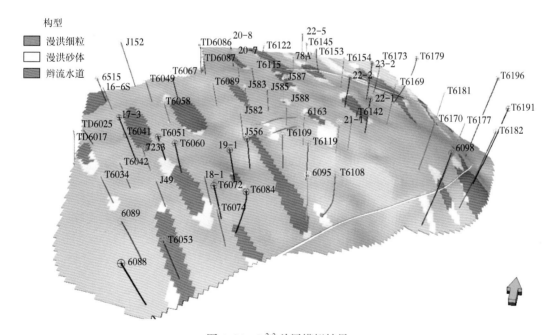

图 4-94　S_7^{2-2} 单层模拟结果

　　扇中整体构型模型的栅状图如图 4-95 所示，剖面图如图 4-96 和图 4-97 所示，从中可以看出，扇中自下而上漫洪细粒逐渐增多，辫流水道逐渐减少。扇中下段辫流水道基本上连片分布，上段漫洪砂体以孤立型为主，中下段漫洪砂体和辫流水道在剖面上存在明显的接触关系。

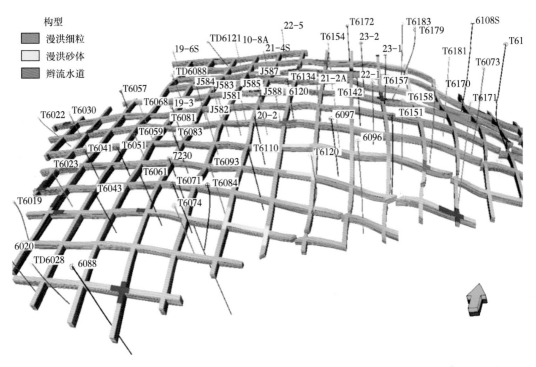

图 4-95　扇中构型栅状图

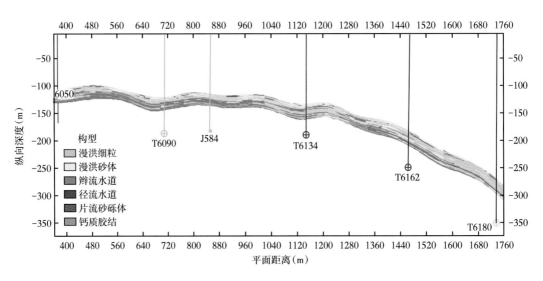

图 4-96　扇中构型剖面图（近东西剖面）

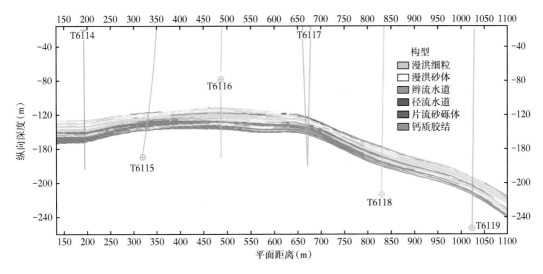

图 4-97　扇中构型剖面图（近南北剖面）

扇顶包括 S_7^{3-2} 单层到 S_7^4 小层，构型单元类型多，主要采用基于目标的模拟方法刻画构型单元的形态及空间分布（图 4-98）。

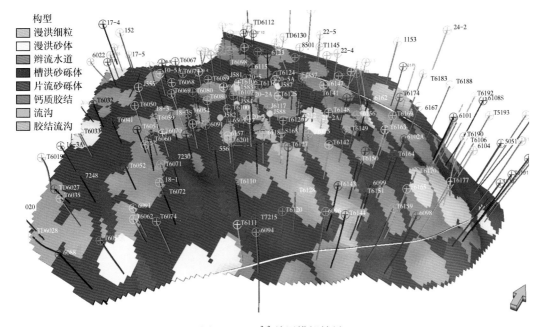

图 4-98　S_7^{3-3} 单层模拟结果

扇顶构型模型栅状图如图 4-99 所示，沿着东西和南北剖面切割可以清楚地看出扇顶构型以片流砂砾体为主，上段分布少量辫流水道，中间包含槽洪砂砾体、钙质胶结及流沟等构型单元，整体上呈泛连通体沉积模式（图 4-100、图 4-101）。

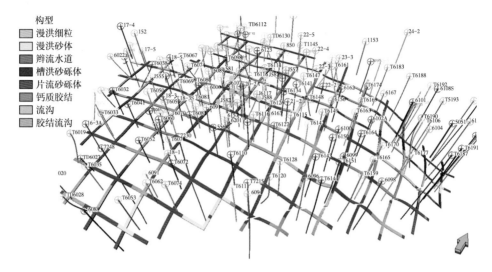

图 4-99 扇顶构型栅状图

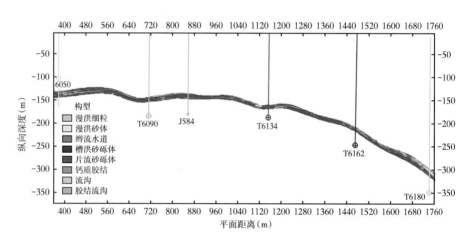

图 4-100 扇顶构型剖面图（近东西剖面）

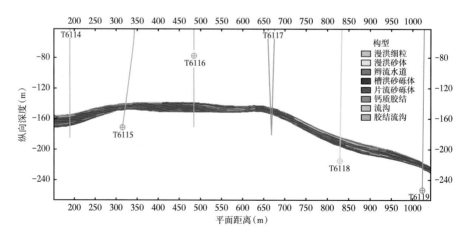

图 4-101 扇根构型剖面图（近南北剖面）

第三节　属性参数建模

　　属性参数模型是在构型模型基础上建立的，通过构型模型的约束建立了密闭取心井区的储层属性参数模型，主要包含孔隙度、渗透率及含水饱和度模型，为后续油藏数值模拟研究提供了可靠的三维数据体。

　　在构型模型的基础上，孔隙度、渗透率及含水饱和度的模拟主要采用序贯高斯模拟方法，首先对粗化的测井解释数据进行统计分析，对原始数据进行必要的截断及转换，变差函数参数的拟合在实验变差函数计算的基础上参考各构型单元的规模、形态综合确定。孔隙度和含水饱和度采用分层分类相控约束，渗透率模拟时利用孔隙度协同模拟，最终得到的各属性模拟结果如图 4-102 至图 4-107 所示。

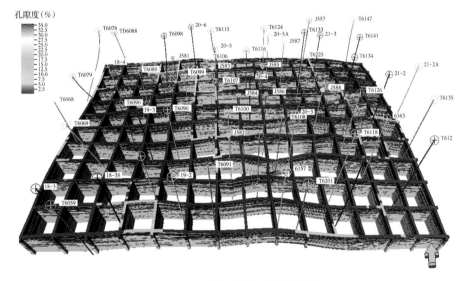

图 4-102　孔隙度模拟结果栅状图

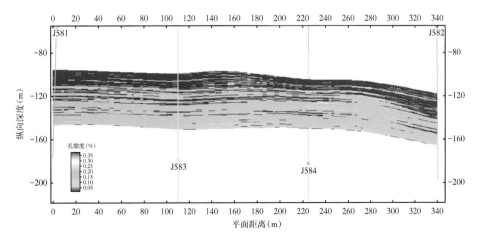

图 4-103　孔隙度过井剖面图（J581、J583、J582、J584）

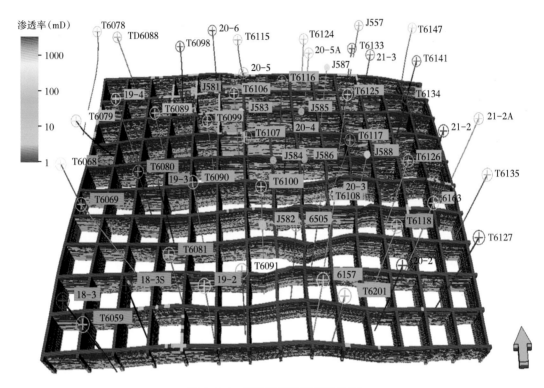

图 4-104　渗透率模拟结果栅状图

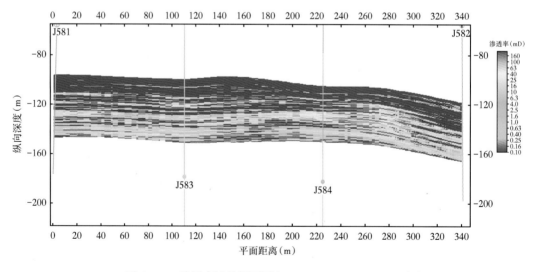

图 4-105　渗透率过井剖面图（J581、J583、J582、J584）

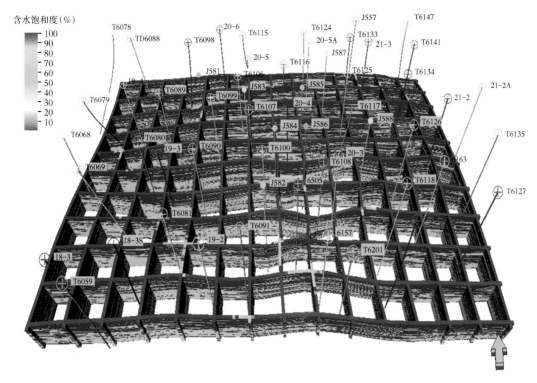

图 4-106 含水饱和度模拟结果栅状图

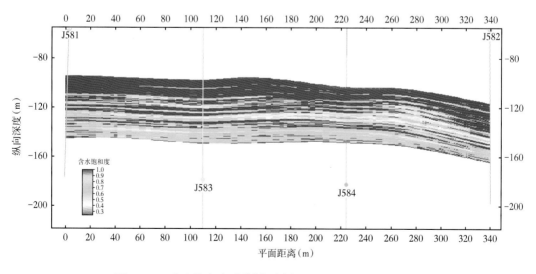

图 4-107 含水饱和度过井剖面图（J581、J583、J582、J584）

采用相同的建模策略，对六中东区的孔隙度、渗透率及含水饱和度进行模拟，得到的模型栅状图和剖面图如图 4-108 至图 4-113 所示，从中可以看出，扇缘物性最差，扇顶次之，扇中最好，与地质认识一致。

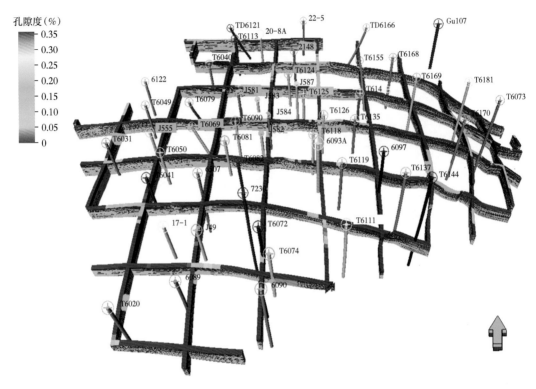

图 4-108　六中东区孔隙度模拟结果栅状图

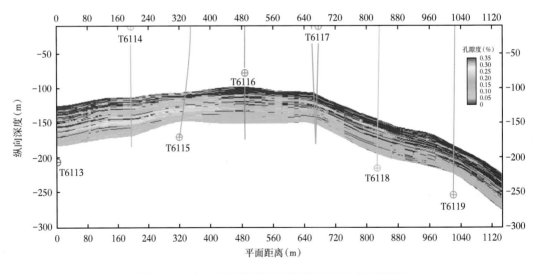

图 4-109　六中东区孔隙度过井剖面图（近南北剖面）

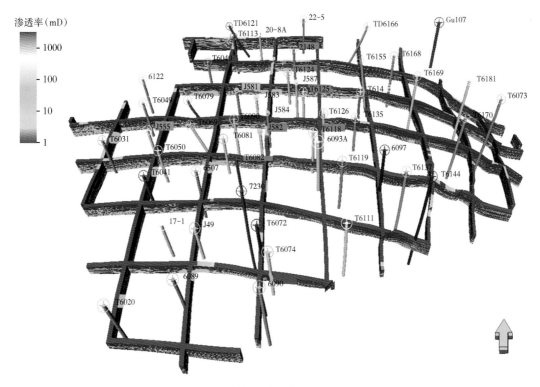

图 4-110 六中东区渗透率模拟结果栅状图

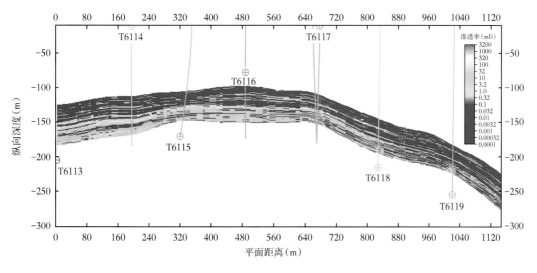

图 4-111 六中东区渗透率过井剖面图（近南北剖面）

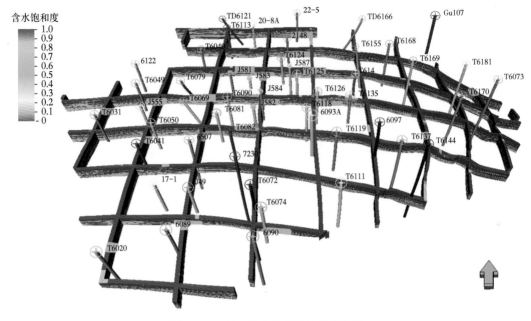

图 4-112　含水饱和度模拟结果栅状图

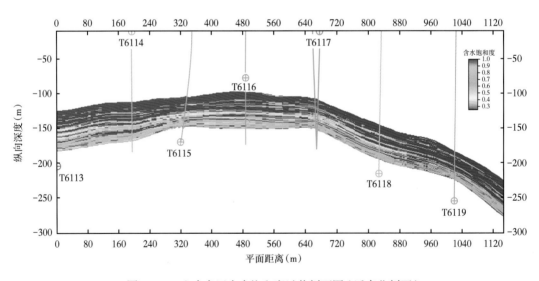

图 4-113　六中东区含水饱和度过井剖面图（近南北剖面）

第四节　模型验证

模型质量的好坏直接影响油藏的开发效果，需要对建立的模型进行各种检验，一方面检验模型是否合理刻画了地质认识，是否满足已知的各类信息？其次，还可以判断建模方法是否适合？在对国内外检验模型可靠性方法调研的基础上，结合密井网区丰富的资料，利用抽稀井验证、示踪剂动态验证及生产效果分析几种方法对模拟结果进行检验。

一、模型检验方法概述

通过随机模拟方法可以生成多个实现，每一个实现代表了一种地下地质体存在的可能性，地质模型建立后，需要从整体上检验模型质量。目前，国内外多采用静态法和动态法相结合的方式进行模型检验。静态法多采用地质概念模型检验、抽稀井检验、概率分布一致性检验，开发生产后在有动态资料情况下可以用示踪剂动态跟踪及油藏数值模拟历史拟合的动态方法检验。这些模型检验方法可以对砂体模型、相模型、属性参数模型等进行检验，实现油藏综合验证。

所建立的储层地质模型与地下地质体展布规律的符合程度是验证地质模型的最基本的方法。地质概念模型检验是指在所建立的地质模型中截取剖面，与概念模型中的剖面进行对比，观察地质模型与概念模型的符合程度，对地质模型的精度进行验证。

抽稀井检验法就是在已知井中按比例抽取部分井（一般为 10%）作为检验井，尽量保证这些井位能够覆盖整个工区。在模拟过程中，这些检验井不作为条件数据。选用相同的模拟方法和模拟参数利用剩余井数据进行模拟，对比新模型在检验井位置的模拟结果与检验井数据的吻合程度验证模型的准确性。新钻井检验与抽稀井检验类似，以新钻井代替抽稀井。这种方法比较适用于密井网地区的相模型及属性模型验证。Hu 等（1994）曾将抽稀井检验方法应用于西班牙的 RODA 海相三角洲沉积体系。他们在详细分析 x 砂体后建立了 19 条野外剖面露头资料的三维相模型，并选择了其中有代表性的 2 条剖面和 1 口井的钻井资料进行抽稀检验。周丽清等（2001）总结了模型是否有地质意义并符合地质规律、抽稀井之后建立的实现是否接近原始模型、相控的参数建模是否合理、与动态资料是否符合 4 个相模型验证及优选的原则。

概率分布一致性检验是对随机模拟过程中生成的属性参数与测井解释参数以及粗化后井点上的属性参数的相关性进行检验，若它们的统计学特征的相关性越高，则说明随机模拟的结果越可靠。

快速数值模拟评价方法是在不调参的基础上，输入地质模型进行拟合计算，地质模型的准确性对拟合结果有重要影响。具体来说，就是指将地质模型与生产动态数据相结合，根据历史拟合精度来评价地质模型的可靠性，历史拟合精度越高，地质模型越可靠。于金彪（2005）根据数值模拟的基本理论和实际经验，运用全面质量管理的理论和方法，通过油藏数值模拟的历史拟合精度来评价地质模型的可靠性，形成了地质模型动态检验的定量化、标准化和流程化。姜辉等（2006）对主流随机建模技术进行了分析及评价，比较各自的优势和不足，提出了提高建模精度的 4 条原则。Campozana 等（2007）对随机建模产生模型的不确定性进行分析，辅助检验模型的可靠性。霍春亮等（2007）提出了通过分析地质模型的不确定性因素，结合实验设计、响应曲面拟合等数学方法定量评价模型的可靠性，实现了对地质模型预测风险的科学评价。

二、抽稀井前后对比验证

模型检验最常用的方法是抽稀检验：在研究区按比例随机抽取部分井作为检验井，对余下的井，采用同样的模拟方法和模拟参数进行建模。对比检验井的模拟结果和原始井数据，符合率越高，说明模型越准确。符合率的计算可以根据网格数、砂体厚度或砂体百分比等，通常以沉积相或岩相等离散属性进行抽稀验证。

密闭取心井区有 57 口井，按照 5% 的比例随机抽取 3 口井（J581、T6081、T6069）进行沉积微相的抽稀检验，验证模型的准确性，如图 4-114 所示。

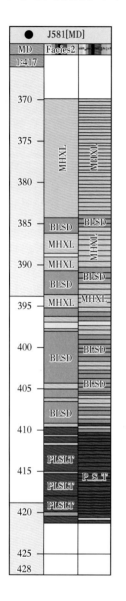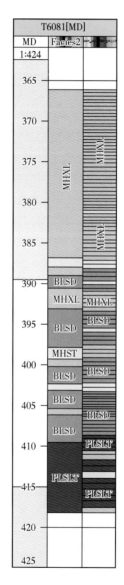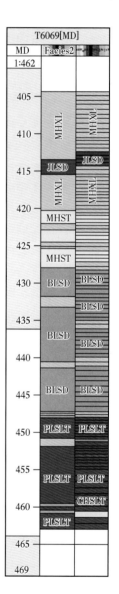

图 4-114　3 口井抽稀结果对比

本次研究选取网格数量和厚度两个指标进行符合率的计算。模型垂向上总网格数 110 个，图 4-114 有 3 口井，每口井有 3 列数据，其中最右边为模拟结果，中间为专家解释结果。采用网格数量计算匹配率的结果如下：J581 井模拟结果有 89 个网格匹配，符合率为 80.91%；T6081 井模拟结果有 91 个网格匹配，符合率为 82.73%；T6069 井模拟结果有 87 个网格匹配，符合率为 79.09%。符合率基本在 80% 以上。采用砂体总厚度检验的结果如下：J581 井纵向厚度为 52m，与测井曲线有差异的网格厚度为 9.1m，模拟结果符合率为 82.5%；T6081 井纵向厚度为 52m，与测井曲线有差异的网格厚度为 8.5m，模拟结果符合率为 83.65%；T6069 井纵向厚度为 59m，与测井曲线有差异的网格厚度为 10.2m，模拟结果符合率为 82.71%。不管是哪种方式的对比，整体上符合率都达到了 80% 以上，在这种非均质性较强的砾岩储层中模拟结果抽稀检验能达到 80% 以上，表明模拟方法具有较好的适应性，模拟结果可靠。

三、示踪剂动态资料验证

通过示踪剂等动态方面的检验，对模型的渗流通道进行具体的研究和对比。截至 2010 年 11 月，5 个注示踪剂井组都检测到了示踪剂产出（图 4-115），共有 26 井层段组合见剂，结果见表 4-10。

表 4-10　示踪剂见剂响应统计

井号	层段	示踪剂	元素	见剂井号
T6100	S_7^{2-3}	MT2	Pr	T6090、T6091
	S_7^{3-2}—S_7^{3-3}	MT5	La	T6090、T6091
T6116	S_7^{3-1}—S_7^{3-3}	MT4	Sm	T6106、T6107、T6124
	S_7^{3-1}—S_7^{3-3}	MT6	Gd	T6106、T6107、T6124
T6161	S_7^{2-1}—S_7^{2-3}	MT8	Dy	T6167、T6168
	S_7^{3-1}—S_7^{3-2}	MT11	Nd	T6167、T6168、T6155
T6174	S_7^{2-2}—S_7^{2-3}	MT4	Sm	T6168、T6169
	S_7^{3-1}—S_7^{3-3}	MT6	Gd	T6180
T6133	S_7^{2-1}—S_7^{2-3}	MT5	Ho	T6140、T6124

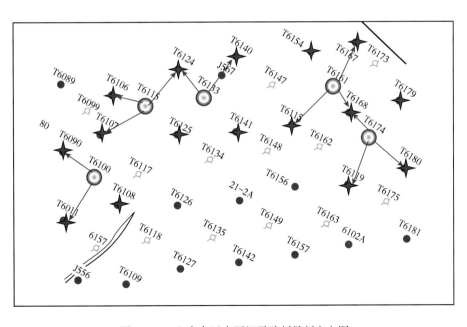

图 4-115　六中东区克下组示踪剂见剂方向图

针对 S_7^2 与 S_7^3 小层进行了具体示踪剂与模型对应关系的检验，图 4-116 为 S_7^2 小层渗流通道分布：S_7^2 小层有 1 个井组，2 个方向见剂，T6161 井为示踪剂注入井，T6173 井与 T6168 井见剂。

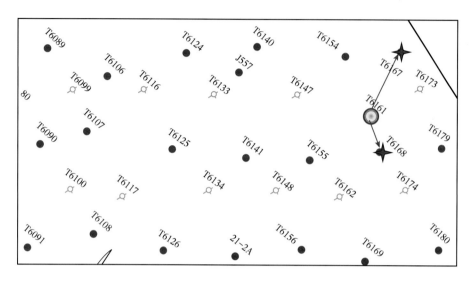

图 4-116　S_7^2 小层井间渗流通道分布

通过构型曲线可以看到，辫流水道和漫洪砂体组成的 S_7^2 下段的渗流通道，孔隙度与渗透率的剖面图也表明渗流通道的存在，与示踪剂显示的渗流通道具有很好的一致性（图 4-117、图 4-118）。

S_7^3 小层有 5 个井组，13 个方向见剂，如图 4-119 所示。T6100、T6116、T6133、T6161 和 T6174 为 5 个井组的示踪剂注入井。

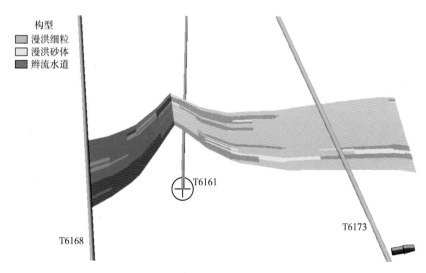

图 4-117　S_7^2 小层见剂井组构型剖面

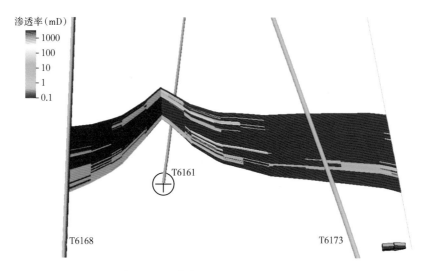

图 4-118 S_7^2 小层见剂井组渗透率剖面

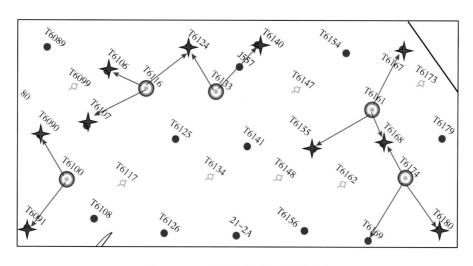

图 4-119 S_7^3 小层井间渗流通道分布

S_7^3 小层包含了扇中的下段及扇顶的上部,储层物性比较好,渗流通道较多,为油气储集、运移的有利区域(图 4-120 至图 4-125)。图 4-121 显示 S_7^3 小层 T6100 井组的渗流通道比较明显,扇中下段以连片的辫流水道为主,物性较好,扇顶主要为泛连通体,在 S_7^3 小层形成了良好的渗流通道。

T6116、T6133 井组与 T6161、T6174 井组的渗流通道比较明显,主要由辫流水道及扇顶的泛连通体构成,与示踪剂结果吻合得较好。

通过对研究区主要目的层段 S_7^2 及 S_7^3 的动态示踪剂分析,示踪剂结果与模型中的渗透率分布具有较好的一致性,说明构型模型及渗透率模型具有较高的精度和准确性,能够为油藏数值模拟提供可靠的模型数据体。

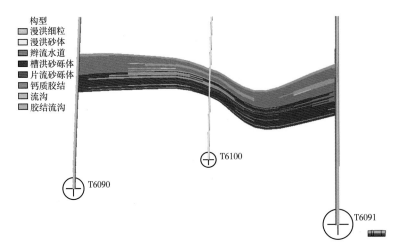

图 4-120　S_7^3 小层 T6100 井组构型剖面

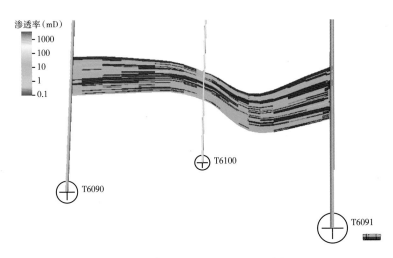

图 4-121　S_7^3 小层 T6100 井组渗透率剖面

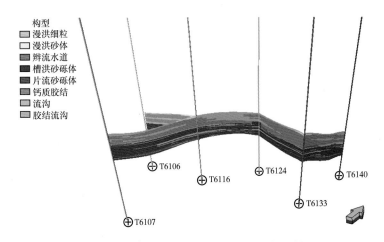

图 4-122　S_7^3 小层 T6116、T6133 井组构型剖面

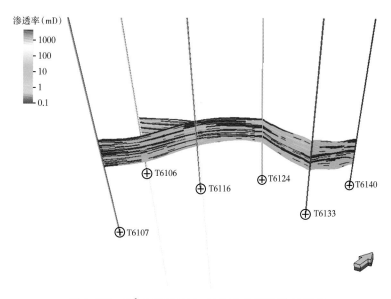

图 4-123　S_7^3 小层 T6116、T6133 井组渗透率剖面

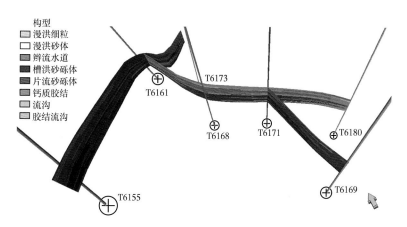

图 4-124　T6161、T6174 井组构型剖面

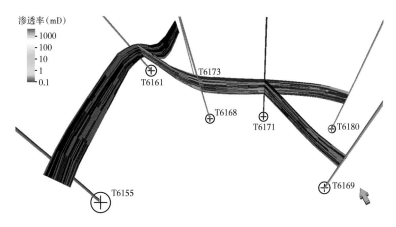

图 4-125　T6161、T6174 井组渗透率剖面

第五章　地质模型的应用

第一节　水平井轨迹设计

水平井系指钻入储层部分的井眼轨迹呈水平状态的井，随着水平井技术的进步和实践经验的积累，水平井已成为提高油气产量和采收率，解决各类完井问题的重要工具。水平井地质设计是水平井设计的第一步，也是最为关键的一步，设计工作的好坏，直接决定着一口井是否取得预期的经济效益。

一、利用地质模型设计水平井的方法

1. 沿水平段轨迹切油藏剖面

在"二维视图"模块中，根据平面上确定的入靶点 A、终靶点 B 直接切取 AB 段油藏剖面，剖面可清晰地反映水平段克下组各油层在纵向分布和横向上连通的情况，油层在空间中任何一处的海拔数据都可方便读取。同时，也可以直接沿水平段周围老井切取油层连通图，检查油层展布。

2. 设计水平段轨迹

水平段轨迹需要在"三维视图"模块中设计。在该模块中，切取 AB 段的油藏剖面，利用软件的"轨迹设计"功能，沿着目的油层，由入靶点 A 到终靶点 B 直接点击设计。为了使轨迹尽量保持在目的油层中，可在钻井工程允许的最大降（增）斜率控制下，在剖面上添加轨迹控制点，以便使轨迹沿着油层构造延伸，达到最大钻遇率的目的。

3. 读取水平段轨迹的基础数据

在设计水平段轨迹时，可运用软件中"信息详情"工具，直接读取轨迹控制中任何一点（如入靶点 A、终靶点 B 以及中间添加的轨迹控制点）的数据，包括靶点海拔、井斜角、方位角等。

二、实例水平井地质设计

六中区克下组油藏属于高饱和无边底水油藏。为了最大限度地动用目的层 S_7^{2-2} 储量，采用水平井技术开发油藏。相对于直井，水平井可以显著增加井筒与储层的接触面，能够在较低的生产压差下获得与常规直井或斜井相当的产量。以 HWT6022-1 井为例，直接应用二维视图模块确定入靶点 A、终靶点 B（图 5-1），而后应用剖面窗口切出周围老井及水平段 AB 段油层连通图，检查油层展布（图 5-2、图 5-3），HWT6022-1 井及其周边老井的油层连通程度都较好。

在图 5-3 中根据油层发育情况直接点入 AB 点，根据油层控制情况选择了一个控制点 C，运用软件中"信息详情"工具，直接读取轨迹控制点 C 的数据，包括靶点海拔、井斜角、

方位角等。

　　将读出的 A、C、B 点坐标以直井的方式加入模型中，利用剖面窗口拉出剖面（图 5-4），进行井轨迹的设计。

　　利用地质模型进行水平井设计技术较常规设计方法的技术提高体现在井斜校正、构造剖面和油层剖面分布三个对比方面，能够更有效地指导水平井设计。

　　1. 井斜校正对比

　　常规设计方法在构造成图时，由于钻井井斜的影响，需要对井斜进行校正，由于构造的变化，尤其当构造变化剧烈时，将会带来较大的误差，影响水平井设计精度。从图 5-5 中可以看出，当构造存在一定倾角时，前人设计水平井在井斜校正中，Pick 1 与 Pick 1′ 实际分层将存在一定的误差，这将使水平井设计的靶点与实际地质体靶点有较大的误差，使水平井实施有较大的风险；而模型中的水平井设计不需要进行井斜校正，分层点坐标随井轨迹的变化而变化，井点构造严格按井轨迹控制，这样不但减小了计算中的系统误差，而且对水平井轨迹控制更为精确。

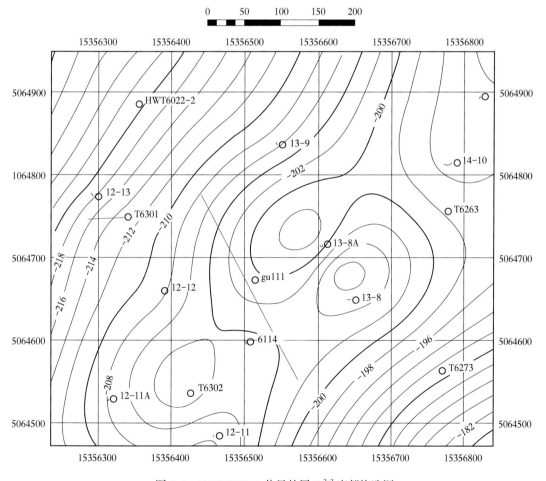

图 5-1　HWT6022-1 井目的层 S_7^{2-2} 底部构造图

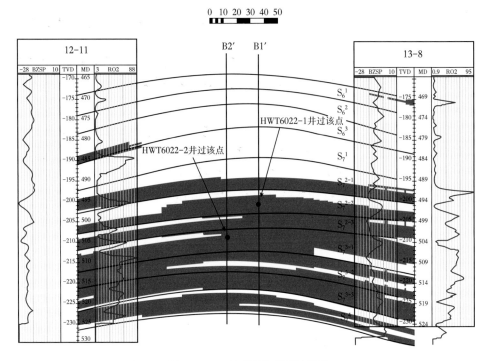

（a）HWT6022平台终靶点B油层连通图

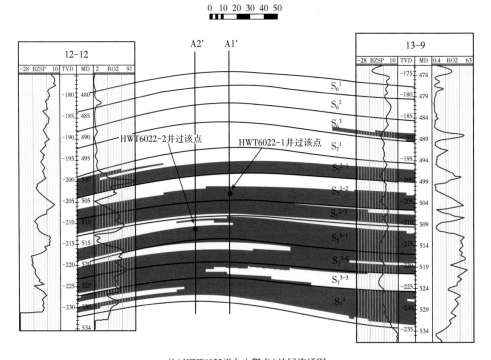

（b）HWT6022平台入靶点A油层连通图

图 5-2　HWT6022 平台周围老井油层连通图

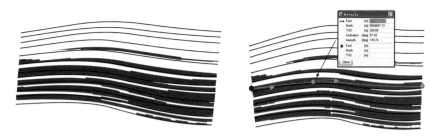

图 5-3　HWT6022-1 井水平段油层连通图

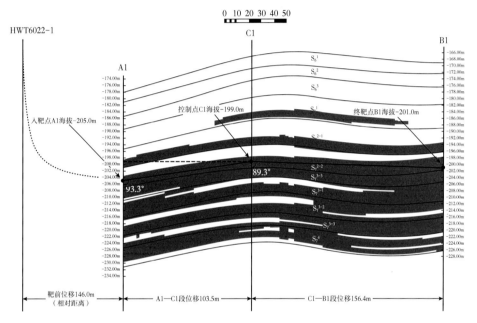

图 5-4　HWT6022-1 水平井轨迹剖面示意图

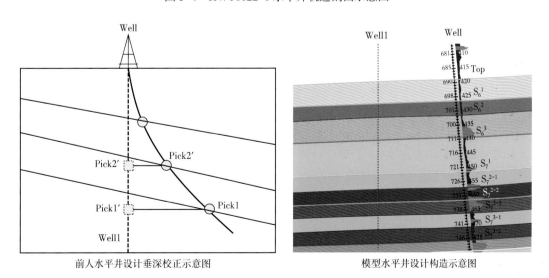

前人水平井设计垂深校正示意图　　　模型水平井设计构造示意图

图 5-5　两种水平井设计方法井斜校正对比示意图

2. 构造剖面对比

常规设计水平井方法对构造的处理较为简单，其设置的虚拟点，如 A' 点是通过两井间分层连线 A' 位置距离单井间的长度，利用三角函数的方法进行计算而得到的（图 5-6 中剖面线上 A' 对应的各点海拔值都是根据三角函数的方法计算得到的）。一般来说，区域构造为单斜时，这种处理方法较为合理；如果区域构造变化复杂，该方法将带来较大的误差，要避免这一误差，就必须增加多个控制点，这样不仅带来极大的工作量，而且不利于构造平面闭合。而模型对于未知点的处理较为合理，其考虑了构造在平面、空间的变化规律，也就是说，其充分考虑了周围已知点的数据，在进行插值时就对构造有较为准确的约束，不但减小了设计工作量，而且构造也得到了很好的闭合（图 5-7）。

3. 油层剖面分布对比

由于构造带来的影响，常规水平井设计方法对油层的控制程度较差，如图 5-8 所示。一般来说，井间油层分布主要来自连井剖面，同时受构造起伏的控制，由于连接剖面只是二维空间分布，对于构造起伏变化的三维空间，油层分布难以控制。从交会图（图 5-8）上可以看出，S_7^{3-2} 油层随构造存在空间变化，常规水平井在 A' 点较实际油层分布存在深度误差，这将导致入靶点 A 较实际油层分布深度不一致，人为加大了水平井钻遇的风险。

三、地质模型设计水平井降低水平井实施风险

1. 地质模型设计水平井降低水淹风险

由于油藏描述与地质油藏工程方案都要求建立准确的地质模型，为油藏数值模拟和剩余油分布提供基础，因此，水平井设计时可以利用已有的地质模型和数值模拟剩余油分布快捷地对水平井风险区域进行分级，保证水平井钻遇水淹风险相对较低的油层。在地质模型中设计水平井时，在保证地质模型基础数据准确的前提下，只需要对目标区油层分布的合理性进行检查（通过油藏剖面），如果地质模型准确，水平井设计只需要用鼠标划定靶点即可，如图 5-9 所示。在地质模型油藏剖面上沿油层拾取控制点，对应点的大地坐标、海拔、倾角、方位角等参数可以快速得到，这些数据可以快速提交给钻井部门进行井轨迹设计，大大缩短了数据计算和处理所占用的时间。如果将这些时间花费到地质研究和寻找地质目标体中，将会最大限度地降低水平井实施风险。

2. 地质模型设计水平井降低碰撞风险

在跨层系平台水平井设计中，防碰撞分析有较大的必要性。由于三维地质模型可以跨层系将各开发层系井数据加入三维地质模型中，因此不但可以直观地分析水平井钻遇各层时老井对水平井轨迹的影响，而且可以通过防碰撞搜索工具（图 5-10）对安全半径进行设置（位于绿色部位的老井为可能碰撞的井），快速找出可能对水平井造成影响的井，在设计中就降低了碰撞风险，将极大地降低水平井钻井投资。

3. 水平井跟踪与地质模型更新

水平井实钻过程中，为保证水平井顺利入靶，需要对水平井钻井轨迹进行实时跟踪。常规水平井设计跟踪较为复杂，由于常规水平井设计不是以数据的形式存储在计算机中，主要是利用原始的测井曲线，需要地质人员在现场利用三角函数对导向、录井数据等进行

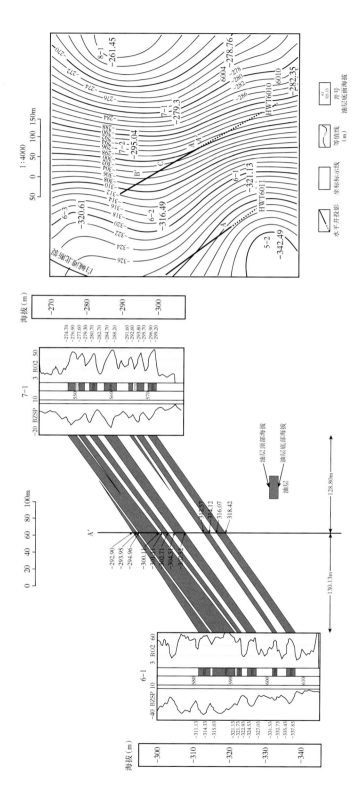

图5-6 常规水平井设计中控制点A′海拔示意图（仅考虑2口井）

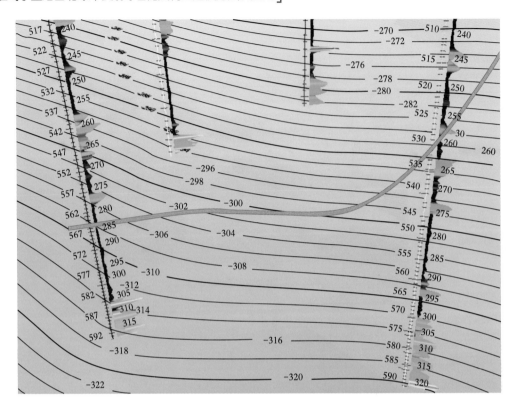

图 5-7　水平井在三维地质模型中井点对构造控制分布示意图

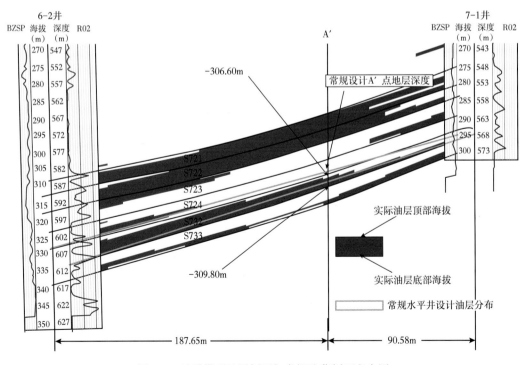

图 5-8　地质模型油层剖面与常规油藏剖面交会图

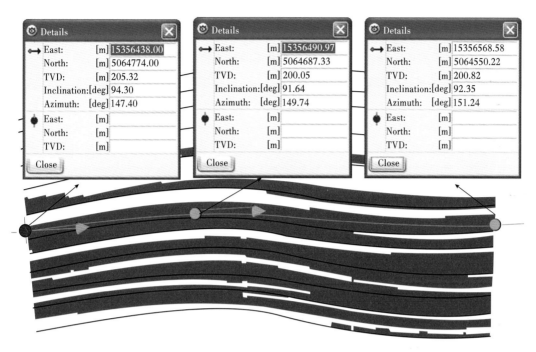

图 5-9　地质模型中水平井设计示意图

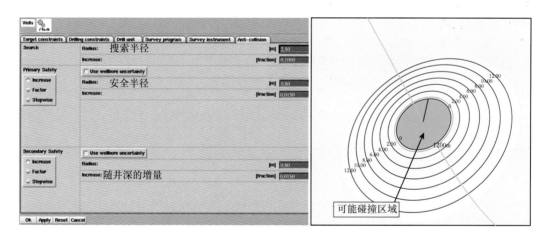

图 5-10　水平井防碰撞搜索示意图

多次校正，来计算出目的层所处的位置；而模型设计的水平井可以通过数据传输的方式将实钻结果输入三维地质模型中，经过对模型实钻数据的分析，做到对地质模型的更新、校正，及时调整井轨迹，快速地指导水平井钻进。同时，如果水平井轨迹需要较大的调整时，地质人员可以通过网络及时将钻遇结果和模型更新结果传入决策办公室，供决策方快速做出决策，大大地减少了钻机等待时间。

　　随着新井的钻进，新的认识将不断进行，其认识成果也需要在地质模型中体现。在地质模型的基础上，将新井资料不断加入地质模型中，对模型不断地进行更新，最终建立符合阶段实际的地质模型，减少了井间储层的不确定性，同时为后期研究和井位部署与设计提供更准确的地质基础。地质模型更新较为方便快捷，不需要重新建立地质模型，仅需要加入新资料，对模拟的工作流程进行设置就可完成对模型的更新。

4. 模型设计水平井大大提高效率

模型设计可以缩短水平井设计时间，提高工作效率。利用人工设计水平井，每一处的数据都需要经过读取—记录—投影—读取—记录的过程，通过虚拟直井建立水平井轨迹油藏剖面，步骤繁多；而在三维模型中，只要将油层地质模型建好，就可以在模型体中切取任何一处的油藏剖面。这就大大缩短了通过老井油层连通图上的数据来投影水平段控制点数据的时间，提高了工作效率；同时也减少了出错的概率，使水平井设计更加科学、可信。

第二节 聚合物及体积的定量描述

一、利用三维网格计算聚合物驱控制程度

由于油层中一部分较小的孔隙不允许聚合物分子通过，使得聚合物溶液在油层中的波及体积减小，因此提出聚合物控制程度的概念，用来表征一定相对分子质量的聚合物溶液可波及的油层孔隙体积占油层总孔隙体积的比例。为了更能准确地计算聚合物驱控制程度，准确反映聚合物驱在油层中的波及程度，借助 Petrel 软件建立精细三维地质模型，首先，将研究区域细化到单个网格（Cell Volume）进行研究，充分考虑了平剖面的连通性，并以单位网格扩充到三维空间求取油层孔隙体积；其次，结合渗透率分级控制，细化了聚合物分子能够进入孔隙体积的大小，得出聚合物可波及孔隙体积。

改进方法中油层总孔隙体积计算公式如下：

$$V_{\text{Pore Volume}} = V_{\text{Bulk Volume}} (\text{Net / Gross}) \phi \tag{5-1}$$

$$V_{\text{Bulk Volume}} = \sum V_{\text{Cell Volume}} \tag{5-2}$$

式中 $V_{\text{Bulk Volume}}$——总的岩石体积，m^3；

Net/Gross——多孔的、能渗透的岩石所占总体积的比例，%；

ϕ——孔隙度；

$V_{\text{Cell Volume}}$——三维网格中单位网格的体积，m^3。

不可及孔隙体积确定方法主要有微孔筛膜过滤法、岩心压汞法和产出液浓度剖面法，本书根据岩心实验利用岩心压汞法得到不可及孔隙体积，而后求取聚合物驱可波及孔隙体积，计算公式如下：

$$V_{\text{聚}} = V_{\text{Bulk Volume}} (\text{Net/Gross}) \phi_{\text{P}} \tag{5-3}$$

聚合物驱后孔隙度修正公式如下：

$$\phi_{\text{P}} = \phi - \phi_{\text{IPV}} \tag{5-4}$$

式中　ϕ_P——聚合物驱可及孔隙度；

　　　ϕ_{IPV}——聚合物驱不可及孔隙度。

聚合物驱控制程度不仅看聚合物可及孔隙体积，还与井网有关，在大井距聚合物驱区域的非均质性和波及效率都高，其聚合物驱控制程度以及采收率也高。在强非均质性油藏中，井距越大，井间的非均质性越严重，而聚合物驱可以有效降低井间的非均质性。聚合物驱可以很大程度地改善油藏的非均质性，增加体积波及系数，提高采油速度和采收率，一定情况下其成本低于水驱。

二、孔隙体积计算及渗透率分级标准

聚合物不可及孔隙体积越大，聚合物驱增油效果越差，见效时刻越迟。聚合物不可及孔隙体积大小主要取决于聚合物相对分子质量、岩石渗透率和孔隙度的大小及其分布。当岩石渗透率较大，聚合物相对分子质量较低时，聚合物分子可以通过绝大多数孔隙，这样聚合物的不可及孔隙体积就比较小；而当岩石渗透率较小，聚合物相对分子质量较大时，只有少数孔隙允许聚合物分子通过，聚合物不可及孔隙体积就相对较大。但是不可及孔隙体积过大，就等于缩小了聚合物波及体积，损失了可采储量。

通过岩心实验分析数据，利用岩心压汞法计算不同渗透率的岩心对应的不可及孔隙体积。实验结果表明，渗透率越高，不可及孔隙体积越小（表5-1），当渗透率大于300mD时，聚合物可进入78%以上的孔隙体积。

表5-1　岩心注聚合物不可及孔隙体积测定结果

气测渗透率（mD）	水测渗透率（mD）	不可及孔隙体积（%）
203	43.2	24.12
273	78.6	23.33
338	115.2	22.0
460	235.0	21.34
539	312.0	20.17
643	413.0	18.34

国内外的现场试验统计结果表明，平均渗透率相近时，注驱能力及吸液剖面也会存在明显差异，且随着聚合物的注入，岩心渗透率有不同程度的降低。渗透率小于100mD时，渗透率下降幅度较大；渗透率大于300mD时，聚合物注入前后的岩心渗透率基本不变。结合恒压注聚合物实验建立的聚合物相对分子质量与渗透率匹配关系（图5-11）发现，渗透率越大，可供选择的注聚合物相对分子质量上限就越大，所以渗透率分级至关重要。

另外，结合储层表征结果，建立了聚合物体系与油藏的配伍关系（图5-12），根据岩心实验结果，3个区域物性潜力根据渗透率级别采用注聚合物不同相对分子质量下限。

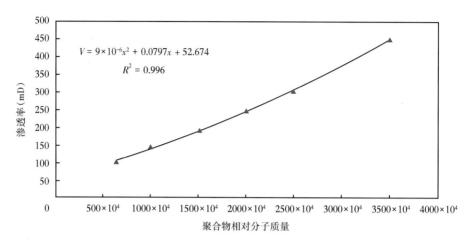

图 5-11　不同聚合物相对分子质量—渗透率匹配关系图版

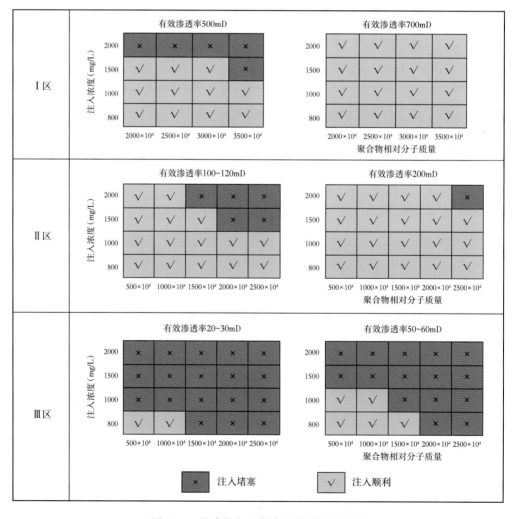

图 5-12　聚合物与油藏渗透率配伍性图版

根据注聚合物实验分析以及密闭取心井的实际含聚合物浓度分析（样品108块），含聚合物样品占75.9%，主要集中在含砾粗砂岩（60.7%）和砂砾岩（21.4%）。其中，渗透率小于50mD的样品有11块，占含聚合物总块数的13.1%，平均浓度为0.43mg/L；渗透率大于100mD的样品浓度大多高于1mg/L；含聚合物砂体厚度占砂体总厚度的比值为91.3%。最终建立了七东₁区克下组聚合物相对分子质量与储层渗透率的匹配关系（表5-2）。

表5-2 七东₁区克下组储层聚合物相对分子质量与渗透率匹配关系表

气测渗透率（mD）	有效渗透率（mD）	理论聚合物相对分子质量上限	实验聚合物相对分子质量上限
50	10	750×10^4	—
110	20	1000×10^4	650×10^4
150	30	1200×10^4	1000×10^4
220	50	1800×10^4	1500×10^4
275	80	3000×10^4	2000×10^4
300	100	3500×10^4	2500×10^4
420	200	$>3500\times10^4$	3500×10^4

依此进行储层分类，将渗透率分为0<K<10mD、10mD<K<50mD、50mD<K<150mD、150mD<K<200mD、200mD<K<300mD、300mD<K<1000mD、1000mD<K<2000mD、2000mD<K<5000mD、K>5000mD等级别，据此统计了不同分区、不同渗透率级别下的储层孔隙体积，结合3个区不同物性差异、不可及孔隙体积及注聚合物等进一步将渗透率分级进行合并细化，形成相应的不同渗透率级别的滤波条件，借助精细三维地质模型，求取计算相关参数模型。

（1）$V_{CellVolume}$的求取：利用属性建模中的Geometrical modeling功能，模拟计算单位网格$V_{CellVolume}$三维数据体。

（2）净毛比（Net/Gross）模型：由于插值模拟方法的限制，会造成井间连通网格出现不连续现象，为了使模拟结果更好地与地质认识相匹配，在确保不影响沉积趋势的条件下，对净毛比模型进行平滑处理。

（3）可波及孔隙度模型模拟计算：用序贯高斯模拟方法通过相控的方式模拟孔隙度模型，根据不同渗透率级别的不可及孔隙体积，计算出可波及孔隙度模型。

应用式（5-5），以Ⅰ区为例，根据岩心注聚合物不可及孔隙体积测定结果，利用渗透率分级，计算可波及孔隙度模型ϕ_P：

$$\left.\begin{aligned}
\phi_P &= If\left(K<200mD, \phi^*(1-0.2412), \phi\right); \\
\phi_P &= If\left(K>200mD 且 K<300mD, \phi^*(1-0.2333), \phi\right); \\
\phi_P &= If\left(K>300mD 且 K<2000mD, \phi^*(1-0.2046), \phi\right); \\
\phi_P &= If\left(K>2000mD 且 K<5000mD, \phi^*(1-0.20), \phi\right); \\
\phi_P &= If\left(K>5000mD, \phi^*(1-0.19), \phi\right); \\
&\phi范围为0\sim100\%.
\end{aligned}\right\} \quad (5-5)$$

（4）求取的网格体积模型、净毛比模型、可及孔隙度模型的乘积，即为聚合物驱可波及有效孔隙体积（表5-3）。

计算结果表明，Ⅰ区渗透率大于200mD区域采用2500万相对分子质量下限的油层孔隙体积比例为91.6%；Ⅱ区渗透率大于150mD区域采用2000万相对分子质量下限的油层孔隙体积比例为95.1%；Ⅲ区渗透率大于150mD区域采用300万~500万相对分子质量下限的油层孔隙体积比为55.8%。

表5-3 七东$_1$区克下组不同渗透率级别油层可波及孔隙体积统计

区	渗透率级别（mD）	可波及孔隙体积（m³）							体积合计（m³）	合计比例（%）	聚合物驱比例（%）
		S_7^{2-1}	S_7^{2-2}	S_7^{2-3}	S_7^{3-1}	S_7^{3-2}	S_7^{3-3}	S_7^{4-1}			
Ⅰ区	$K>5000$	0.2	1.7	1.0	2.8	3.5	0.1	0	9.3	0.9	91.6
	$5000>K>2000$	38.9	56.4	69.5	66.6	71.1	30.8	9.8	343.1	33.1	
	$2000>K>300$	53.5	80.5	104.7	77.5	84.4	89.7	47.4	537.8	51.9	
	$300>K>200$	4.4	7.0	7.8	6.9	8.4	13.5	10.1	58.3	5.7	
	$K<200$	6.8	10.1	9.3	9.4	11.9	22.1	15.3	85.1	8.4	
	小层合计	103.8	155.7	192.3	163.2	179.3	156.2	82.6	1033.6	100	
Ⅱ区	$K>5000$	0	0	0.3	0	0.2	0	0	0.5	0.1	95.1
	$5000>K>2000$	8.8	11.4	28.6	21.2	22.8	7.1	0.9	100.8	19.1	
	$2000>K>300$	24.7	49.2	90.8	64.5	40.3	51.7	16	337.2	63.4	
	$300>K>200$	3.4	9.5	9.8	8.3	4.8	7.4	4.4	47.5	8.9	
	$200>K>150$	1.1	2.8	4.3	3.2	2.1	2.8	2.9	19.1	3.6	
	$K<150$	1.0	2.6	5.6	2.2	3.0	7.0	4.7	26.1	4.9	
	小层合计	39.0	75.5	139.4	99.4	73.2	76.0	28.9	531.2	100	
Ⅲ区	$K>2000$	0	0.5	0.1	0.1	0.4	0.1	0.5	1.7	0.9	55.9
	$2000>K>300$	1.4	3.5	8.0	4.5	6.3	2.4	2.9	29.0	16.1	
	$300>K>50$	4.1	10.2	18.0	12.9	11.3	9.8	4.2	70.6	38.9	
	$K<50$	5.9	11.9	15.1	13.0	17.6	11.6	5.2	80.2	44.1	
	小层合计	11.4	26.1	41.2	30.5	35.6	23.9	12.8	181.5	100	

三、聚合物驱控制程度的计算

借助精细三维地质模型，运用体积法计算聚合物驱控制程度。根据不同分区的储层进行不同聚合物相对分子质量的可波及程度分类，统计其波及体积占总孔隙体积的百分比，利用式（5-1）计算储层的聚合物驱控制程度，不同分区、不同层位的聚合物驱控制程度见表5-4。

表 5-4 七东₁区克下组聚合物驱油藏分区分层位聚合物驱控制程度

层位	聚合物驱控制程度（%）		
	Ⅰ区	Ⅱ区	Ⅲ区
S_7^{2-1}	76.2	80.3	30.4
S_7^{2-2}	89.6	88.6	59.5
S_7^{2-3}	86.2	90.7	70.8
S_7^{3-1}	88.5	90.7	62.7
S_7^{3-2}	87.5	94.0	71.9
S_7^{3-3}	97.0	80.4	50.4
S_7^{4-1}	91.0	60.6	25.1
S_7^{4-2}	36.4	35.8	17.3
合计	88.2	83.6	53.0

Ⅰ区目的层段聚合物驱控制程度为 88.2%，Ⅱ区为 83.6%，Ⅲ区为 53.0%。

理论研究和现场试验结果均表明，随着聚合物用量的增加，聚合物驱过程中含水下降幅度增加，采收率提高幅度增大。但由于增加了聚合物用量，导致聚合物利用率降低，聚合物驱的经济效益也大大降低。按照储层有效厚度计算，注入量为 0.7PV，聚合物浓度为 1800mg/L，累计全区聚合物干粉用量为 $1.86×10^4$t。在考虑聚合物波及有效孔隙体积及聚合物驱控制程度后，计算聚合物干粉用量（Ⅰ区为 $1.15×10^4$t，Ⅱ区为 $0.37×10^4$t，Ⅲ区为 700t），节省了聚合物干粉 14.5%。同时由于Ⅲ区物性差，调整潜力小，建议采取其他方式驱油。科学地降低油田聚合物干粉用量，有效控制聚合物的低效、无效循环，提高聚合物利用率。

第三节 深部调驱药剂定量评估

新疆油田多数已进入高含水开发阶段，注水在高渗透层内低效和无效循环，严重影响水驱开发效果，深部调剖技术是改善水驱开发效果的重要技术手段。

一、聚合物用量的选择

通常情况下，把驱油效率不再随聚合物注入量大幅增加时的注入量称为聚合物最佳注入量。因此，为了减少聚合物不必要的浪费，对聚合物的注入量进行筛选是非常必要的，实现在最佳聚合物注入量的情况下，达到较高的驱油效率。

考虑聚合物溶液在地下的剪切降黏，借鉴试验区聚合物注入浓度经验（试验区北部注入浓度 1800mg/L），注入浓度为 1800mg/L，设计注入段塞 0.4PV、0.5PV、0.6PV、0.7PV 和 0.8PV，预测到含水率为 95%，水驱累计产油 $482.92×10^4$t，采收率为 47.81%。

聚合物段塞的大小直接影响聚合物驱的效果，一般来说，聚合物段塞的体积越大，提高采收率的幅度越高；但如果聚合物段塞的体积过大，会导致聚合物驱的经济效益下降。因此，需要对聚合物段塞大小与提高采收率幅度进行研究，确定最优的聚合物段塞大小。

在注入量比较小的情况下，驱油效率随着聚合物段塞的增加而增大，但是驱油效率随聚合物段塞大小的增加幅度明显不同，开始阶段随注入量的增加，驱油效率增加较快；随着聚合物段塞的继续增大，采收率提高值的增加幅度变小，曲线逐渐趋于平缓，直至接近水平状态。从图 5-13 可以看出，当聚合物溶液的注入量大于 0.7PV 以后曲线变平缓，再增加注入量的大小对采收率的提高值影响不大。

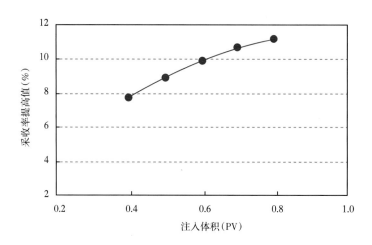

图 5-13　聚合物段塞大小与采收率提高值的关系曲线

从表 5-5 和图 5-13 中可以看出，随着注入量的增大，采出程度不断提高，当注入聚合物段塞体积超过一定量后，采出程度增加幅度变小；但随着注入量的增加，吨聚合物增油不断下降，表明聚合物效果变差。

表 5-5　不同注入量聚合物驱预测效果（预测到含水率为 95%）

方案	采收率（%）	采收率提高值（%）	吨聚合物增油（t）
水驱	47.81	—	—
0.4PV	55.71	7.9	54.0
0.5PV	56.81	9.0	49.2
0.6PV	57.71	9.9	45.1
0.7PV	58.51	10.7	41.8
0.8PV	59.11	11.3	38.6

综合考虑聚合物驱增油效果和经济效益，参考先导试验区成功的经验和做法，结合油藏实际，确定聚合物用量为 0.7PV。

二、聚合物浓度优化

七东$_1$区聚合物驱工业化试验最终确定的聚合物浓度平均为 1200mg/L，经过试验证明，该聚合物浓度较为适合该油藏特点，试验取得了很好的效果。因此，工业化应用南部未调整区域仍然采用聚合物平均浓度 1200mg/L。

在试验过程中，因南北部油藏物性的差异，在注入过程中，试验区注入井在注入相同的聚合物浓度时，油井动态反应不一，暴露出相同聚合物浓度不能满足生产的需要，因此在试验过程中，对注入浓度进行了调整，试验区北部注入浓度为1500mg/L，中部为1200mg/L，南部为1000mg/L，但在生产过程中还存在一些问题。因此，工业化试验根据生产过程中存在的注入能力差异现象，有必要进行注入浓度优化，以保证试验取得好的生产效果和经济效益。

渗透率的大小对聚合物驱提高采收率具有明显的影响。室内驱油实验表明，岩心的渗透率越高，聚合物驱提高采收率的幅度越大（表5-6）。渗透率越低，聚合物注入压力越高，聚合物段塞注入越困难。根据七东$_1$区油藏描述成果，北部已调整区域油层平均渗透率为892.5mD，南部未调整西部区域油层平均渗透率为513mD。为此，设计注入聚合物浓度为1200mg/L、1500mg/L、1800mg/L、2000mg/L和2500mg/L进行模拟，预测到含水率为95%。

表5-6 不同渗透率岩心注聚合物实验岩心数据及提高采收率

水渗透率（mD）	聚合物浓度（mg/L）	聚合物相对分子质量	注入段塞大小（PV）	聚合物驱提高采收率（%）
49.1	1500	2500×10^4	0.5	4.59
447.1	1500	2500×10^4	0.5	11.70
912.6	1500	2500×10^4	0.5	13.21
2308.2	1500	2500×10^4	0.5	14.35
3357.2	1500	2500×10^4	0.5	14.66

从表5-7和图5-14可以看出，随着聚合物注入浓度的增加，采收率提高值增加，但增加幅度逐渐减小，含水率下降幅度增大，后期含水率回升速度也逐渐增大。聚合物注入浓度由1200mg/L增加到2500mg/L时，采收率提高值由7.97%增加到11.01%；聚合物浓度大于1800mg/L后，采收率提高值增加幅度明显降低。

表5-7 不同注入浓度聚合物驱预测效果（预测到含水率为95%）

方案	采收率（%）	采收率提高值（%）
水驱	47.81	—
聚合物浓度1200mg/L	55.78	7.97
聚合物浓度1500mg/L	56.73	8.92
聚合物浓度1800mg/L	57.72	9.91
聚合物浓度2000mg/L	58.5	10.69
聚合物浓度2500mg/L	58.82	11.01

在注聚合物量一定的情况下，随着聚合物注入浓度的提高，采出程度逐渐增加，同时注入压力也逐渐增加。为了保证试验取得好的生产效果和经济效益，在注入压力允许的情

况下，优先采用较高的注入浓度获得原油产量最优化。为使方案现场实施过程中尽量简便易行，综合考虑油层厚度、渗透率和剩余油储量丰度三方面因素，推荐北部区域平均注聚合物浓度为 2000mg/L，南部区域平均注聚合物浓度为 1500 mg/L。

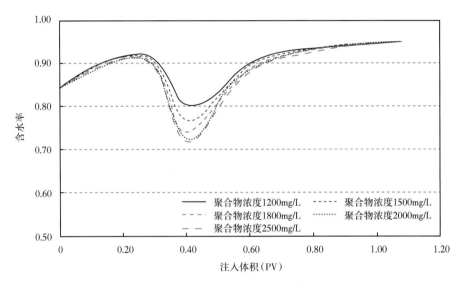

图 5-14 不同浓度聚合物驱含水率曲线

三、注聚合物时机研究

聚合物注入时机不仅影响聚合物驱效果，而且影响油田开发年限，从而影响经济效益。低含水时，油相相对渗透率高，聚合物驱对其影响不大；高含水时，由于形成高渗透通道，水相相对渗透率特别高，聚合物驱虽然能在一定程度上降低含水率，但效果较差，有效期较短。因此，应结合现场条件，选择合适的注聚合物时机。

在注入速度研究的基础上，注入 0.6PV，注入浓度为 1500mg/L，分别在含水率为 80%、85%、90% 和 95% 时注入聚合物，预测到含水率为 95%，结果见表 5-8。

表 5-8 不同注入时机聚合物驱预测效果（预测到含水率为 95%）

方案	累计产油量（10^4t）	采收率（%）	提高采收率（%）
水驱	482.92	47.81	—
含水率 85%	562.10	55.65	10.65
含水率 88%	561.73	55.62	10.62
含水率 92%	561.06	55.55	10.53
含水率 95%	560.96	55.54	10.50

含水率较低时注入聚合物，含水率下降幅度较大，后继含水率上升较快，可以加速油田的开发；而特高含水期注入聚合物，含水率下降幅度较小，后继含水率上升较慢，在一

定程度上延长了油田开发年限，且含水率越高，含水率下降幅度越小，后继含水率上升越慢（图5-15）。从模拟结果可知，聚合物驱的采收率随着注入时含水率的增加，采收率有所下降，但下降幅度很小。综合考虑水驱采收率及聚合物驱提高采收率的经济效益，适当提早注入聚合物，经济效益可能更好。

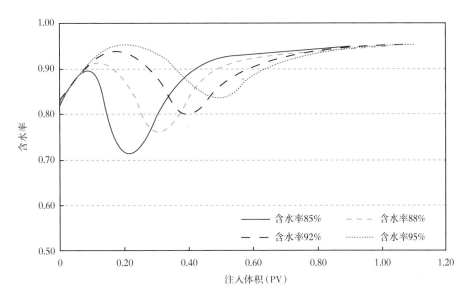

图5-15 不同注入时机聚合物驱含水率变化曲线

四、注入速度的确定

聚合物驱动态规律表明，由于增加了注入水的黏度，并且聚合物在油层孔隙中有吸附捕集现象，从而使油层渗透率变化很大，流体的渗流阻力增加，尤其是注聚合物初期，由于注入井周围油层渗透率下降较快，导致注入压力上升快。当近井地带油层的吸附捕集达到平衡后，渗流阻力趋于稳定，注入压力亦接近稳定或上升缓慢；当降低注入浓度或转入后续水驱后，注入压力又开始逐渐下降。因此，在选择注入速度时，应考虑以下几个因素：

（1）注入井的注入压力不应超过油层的破裂压力。

（2）适当控制注入速度，可以降低聚合物溶液通过油层时的剪切降解，使聚合物溶液在油层中有较高的工作黏度。

（3）区块的整体注入速度与各注入井的注入能力兼顾。

（4）注入速度应符合区块开发的总体要求。

研究表明，不同注入速度条件下，对最终采收率的影响较小，但对聚合物驱见效时间有影响，注入速度越大，见效越快，达到含水率最低点的时间也越短（图5-16）。

对于给定的目标区块，其孔隙体积不变，在确定注入速度情况下，年注入总量不会因为井距而变化；单井的注入量与注入井数成反比。注采井距越大，注入井数越少，单井注入量越大，注入压力越高；注采井距越小，注入井数越多，单井注入量越小，注入压力越低。因此，在注入压力接近破裂压力的情况下，一方面可以降低注入速度（体系黏度确定），另一方面可以缩小注采井距。

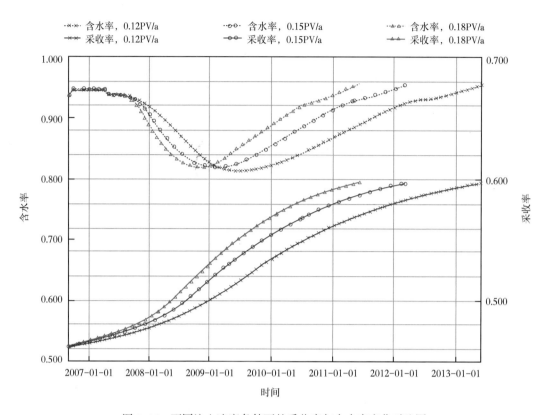

图 5-16　不同注入速度条件下的采收率与含水率变化对比图

从表 5-9 可以看出，注入速度对最终结果影响较小，在注入能力允许的范围内，考虑开采年限越短，开发成本越低，应尽可能采用较高的采油速度。因此，综合考虑油田实际和理论研究结果，结合技术效益和经济效益，在油水井注采能力允许的范围内，尽可能选择高注入速度，即 0.15PV/a。

表 5-9　不同注入速度聚合物驱预测效果（预测到含水率为 95%）

方案		采收率（%）	提高采收率（%）
水驱		47.81	—
聚合物驱	0.08PV/a	58.35	10.54
	0.10PV/a	58.34	10.53
	0.12PV/a	58.32	10.51
	0.15PV/a	58.31	10.50
	0.18PV/a	58.29	10.48

第四节　方案优选

一、方案设计与指标预测

在七东₁区克下组油藏精细描述的基础上，结合聚合物驱工业化试验的经验，根据现井网的条件，进行井网部署方案设计及开发指标预测。

方案Ⅰ：油田北部以 142m 注采井距、南部以 125m 注采井距五点法面积井网部署，全区实施聚合物驱。

全区部署开发井 277 口，新钻井 211 口，老井利用 66 口。其中，油井 156 口（新钻油井 150 口），注入井 121 口（新钻 61 口，利用老水井 29 口、油井转注 31 口），钻井进尺 27.43×10⁴m，方案部署如图 5-17 所示。

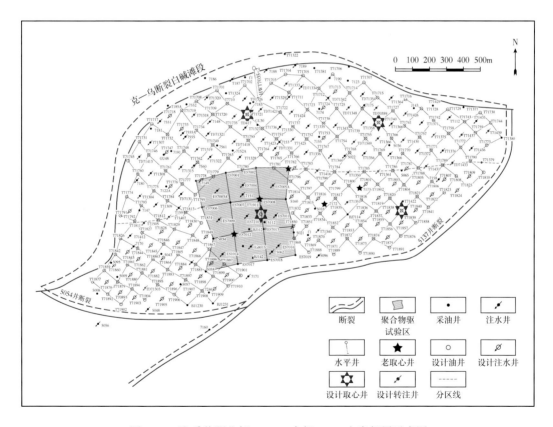

图 5-17　注采井距北部 142m、南部 125m 方案部署示意图

方案Ⅰ开发指标预测：

2013 年 10 月开始聚合物驱，注入 0.7PV，平均聚合物浓度 1800mg/L，注入速度 0.15PV/a，历时 4 年 8 个月。预测到含水率为 95%，聚合物驱可增产油量 96.1×10⁴t，提高采收率 11.7%，吨聚合物增油 45.8t。阶段产油 139.6×10⁴t，阶段采出程度为 17.02%，最大含水率下降幅度 18.4 个百分点，聚合物驱年产油量最大可达 31.5×10⁴t（表 5-10、图 5-18）。

表 5–10　方案 I 开发指标预测数据

年份	年产液量 （10⁴t）	年产水量 （10⁴t）	年产油量 （10⁴t）	年增油量 （10⁴t）	年平均 含水率 （%）	单井 产液量 （t/d）	单井 产油量 （t/d）	年注入量 （10⁴m³）	单井 注入量 （m³）
2013	171.2	156.9	14.3	0	91.6	36.8	3.1	225.0	56.3
2014	165.9	143.8	22.1	13.8	86.7	35.7	4.8	225.0	56.3
2015	158.6	127.1	31.5	23.5	80.1	34.1	6.8	225.0	56.3
2016	155.4	129.6	25.8	17.2	83.4	33.4	5.5	225.0	56.3
2017	152.3	133.7	18.6	14.3	87.8	32.8	4.0	225.0	56.3
2018	146.8	134.1	12.7	12.7	91.3	31.6	2.7	225.0	56.3
2019	148.6	139.5	9.1	9.10	93.9	32.0	2.0	225.0	56.3
2020	109.5	104.0	5.5	5.50	95.0	23.5	1.2	145.0	56.3
合计	1208.3	1068.7	139.6	96.1				1720.0	

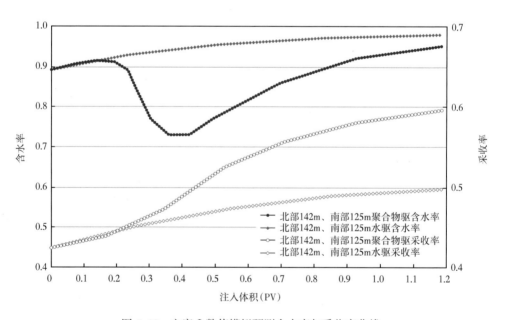

图 5–18　方案 I 数值模拟预测含水率与采收率曲线

方案 II：全区采用 142m 注采井距五点法面积井网实施聚合物驱。

全区（除试验区外）采用 142m 注采井距五点法面积井网部署，共有油水井 252 口，新钻井 187 口，老井利用 65 口。其中，油井 143 口（新钻油井 134 口），注入井 109 口（新钻水井 53 口，利用老水井 28 口、油井转注 28 口），钻井进尺 24.31×10⁴m，方案部署如图 5–19 所示。

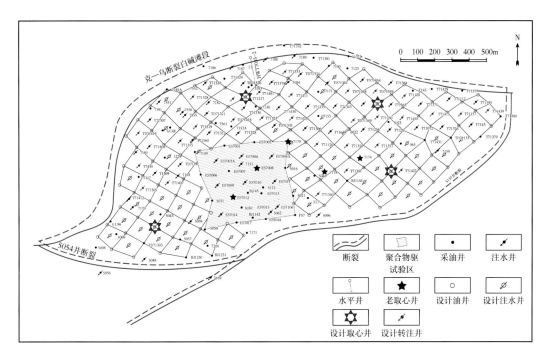

图 5-19 方案Ⅱ全区 142m 注采井距五点法面积井网部署示意图

2013 年 10 月开始注聚合物，注入 0.7PV，注入速度为 0.15PV/a，历时 4 年 8 个月。预测到含水率为 95%，聚合物驱可增产油量 $88.9×10^4$t，提高采收率 10.8%，阶段产油 $130.7×10^4$t，阶段采出程度为 15.9%，最大含水率下降幅度 16.6 个百分点，聚合物驱年产油量最大可达 $28.6×10^4$t（图 5-20、表 5-11）。

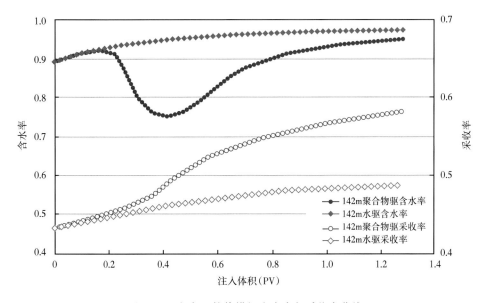

图 5-20 方案Ⅱ数值模拟含水率与采收率曲线

表 5-11 方案Ⅱ开发指标预测数据

年份	年产液量 （10⁴t）	年产水量 （10⁴t）	年产油量 （10⁴t）	年增油量 （10⁴t）	年平均 含水率 （%）	单井 产液量 （t/d）	单井 产油量 （t/d）	年注水量 （10⁴m³）	单井 注水量 （m³）
2013	179.1	165.5	13.6	0	92.4	41.8	3.2	225.0	62.6
2014	177.2	153.4	23.8	12.9	86.6	41.3	5.5	225.0	62.6
2015	174.8	146.2	28.6	19.7	83.6	40.8	6.7	225.0	62.6
2016	165.7	145.6	20.1	14.9	87.9	38.6	4.7	225.0	62.6
2017	150.2	137.5	12.7	10.3	91.5	35.0	3.0	225.0	62.6
2018	148.7	138.1	10.6	9.8	92.9	34.7	2.5	225.0	62.6
2019	140.6	132.0	8.6	8.6	93.9	32.8	2.0	225.0	62.6
2020	120.4	113.7	6.7	6.7	94.4	28.1	1.6	225.0	62.6
2021	118.2	112.2	6.0	6.0	95.1	27.6	1.4	225.0	62.6
合计	1374.9	1244.2	130.7	88.9				2025.0	

方案Ⅲ：利用油藏北部已有的井网实施聚合物驱。

单独在油田北部开展聚合物驱，北部五点法注水井网已完善，注采井距200m。生产井共86口，其中注入井35口，采油井51口，钻井进尺0.52×10⁴m，井位如图5-21所示。

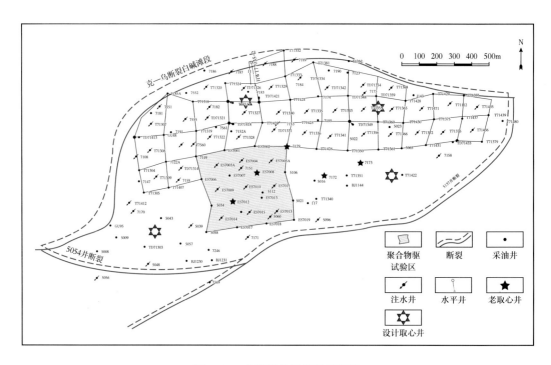

图 5-21 方案Ⅲ井网部署示意图

2013 年 10 月开始注聚合物，注入 0.5PV，注入速度为 0.15PV/a，历时 4 年 8 个月。预测到含水率为 95%，聚合物驱可增产油量 40.1×10⁴t，提高采收率 8.8%，阶段产油 57.5×10⁴t，阶段采出程度为 12.6%，最大含水率下降幅度 14.7 个百分点，聚合物驱年产油量最大可达 13.3×10⁴t（图 5-22、表 5-12）。

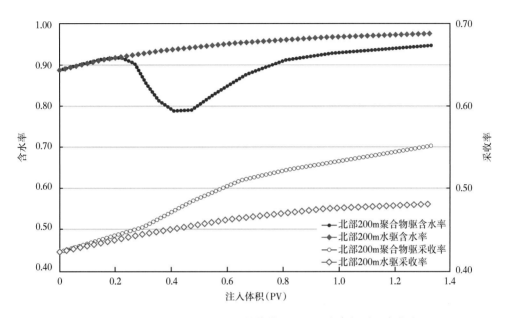

图 5-22 北部注采井距 200m 数值模拟预测含水率与采收率曲线

表 5-12 方案Ⅲ开发指标预测数据

年份	年产液量（10⁴t）	年产水量（10⁴t）	年产油量（10⁴t）	年增油量（10⁴t）	年平均含水率（%）	单井产液量（t/d）	单井产油量（t/d）	年注水量（10⁴m³）	单井注水量（m³）
2013	91.2	84.3	6.93	0	92.4	59.6	4.5	125.0	108.2
2014	88.6	78.0	10.61	6.7	88.0	57.9	6.9	125.0	108.2
2015	86.4	73.1	13.30	10.5	84.6	56.5	8.7	125.0	108.2
2016	80.6	72.4	8.25	6.1	89.8	52.7	5.4	125.0	108.2
2017	75.6	70.2	5.39	4.2	92.9	49.4	3.5	125.0	108.2
2018	72.3	67.9	4.38	3.90	93.9	47.3	2.9	125.0	108.2
2019	68.4	64.7	3.70	3.70	94.6	44.7	2.4	125.0	108.2
2020	63.2	60.0	3.20	3.20	94.9	41.3	2.1	125.0	108.2
2021	36.2	34.4	1.8	1.8	95.0	23.7	1.2	50.0	108.2
合计	662.5	605.0	57.6	40.1				1050.0	

二、方案对比

由图 5-23 可见，在相同注入速度和聚合物浓度的条件下，方案 I 注入压力上升幅度较小，在破裂压力为 14.6MPa 的条件下，给聚合物驱方案调整和调剖留有较大的压力上升空间。

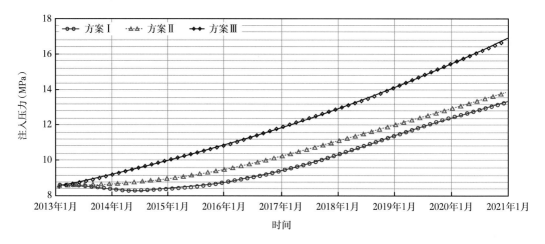

图 5-23　不同方案注入压力变化曲线

从含水率下降幅度看，方案 I 最大含水率下降幅度为 18.4 个百分点，比其他方案多下降 2.0 个百分点和 3.7 个百分点。方案 I 聚合物驱阶段可增加采收率 17.02%，其增油量和采收率是增幅最大的（表 5-13、图 5-24）。

表 5-13　不同方案主要指标对比

方案	总井数（口）	油井（口）	水井（口）	新钻井数（口）	老井利用（口）	水驱阶段采出程度（%）	水驱最终采收率（%）	聚合物驱增加采收率（%）	聚合物驱增产油量（10⁴t）	聚合物驱阶段总产油量（10⁴t）	聚合物驱结束采收率（%）	阶段采收率（%）
方案 I	277	156	121	211	66	5.32	48.12	11.7	96.1	139.6	59.82	17.02
方案 II	252	143	109	187	65	5.1	47.9	10.8	88.9	130.7	58.7	15.9
方案 III	86	51	35	4	82	3.8	46.60	8.8	40.1	57.5	55.4	12.6

注：方案 III 采用北部储量值评价。

对比认为方案 I 钻井多，但其具有最终采收率高、聚合物驱产量峰值高、吨聚合物增油量大等优势，各方案优缺点见表 5-14。

在油价为 80 美元 /bbl 的条件下，3 个方案都有效，方案 III 内部收益率达 22.75%，其他方案内部收益率为 16.86% 和 13.02%（表 5-15），全部满足行业基准要求。

综合对比认为方案 I 动用储量大，聚合物驱控制程度较高，尽管钻井投资较大，但其具有最终采收率高、产液量下降幅度小、注入压力上升幅度较小、聚合物驱产量峰值高、吨聚合物增油量大等优势，所以推荐方案 I 作为聚合物驱实施方案。

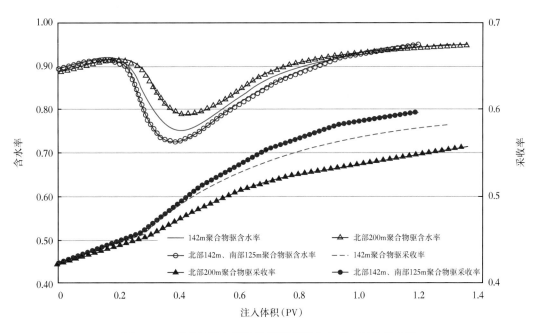

图 5-24　不同井距方案数值模拟预测含水率与采收率曲线

表 5-14　聚合物驱工业化方案开发指标对比

方案	方案Ⅰ（北部 142m+ 南部 125m）	方案Ⅱ（全区 142m）	方案Ⅲ（北部 200m）
总井数（油井 / 水井）（口）	277（156/121）	252（143/109）	86（51/35）
新钻井（油井 / 水井）（口）	211（150/61）	187（134/53）	4（4/0）
钻井进尺（10^4m）	27.43	24.31	0.52
转注（口）	31	28	—
聚合物驱增产油量（10^4t）	96.1	88.9	40.1
阶段增产油量（10^4t）	139.6	130.7	57.5
提高采收率（%）（聚合物驱 + 水驱）	17.02（11.7 +5.32）	15.9（10.8+5.1）	12.6（8.8+3.8）
含水率最大降幅（百分点）	18.4	16.6	14.7
聚合物驱最大年产油（t）	31.5	28.6	13.3
吨聚合物增油（t）	45.8	42.3	34.4
最终采收率（%）	59.82	58.7	55.4
优点	（1）方案部署充分考虑油藏物性特点，采收率提高幅度大；（2）聚合物驱产液量下降幅度小；（3）聚合物驱年产油量高	（1）采收率提高幅度较大；（2）聚合物驱年产油量较高	（1）井网调整已完成，工作量小；（2）一次性投资少
缺点	井数多，工作量大	（1）井数多，工作量较大；（2）井网部署未考虑油藏物性的差异，南部聚合物驱控制程度略低	（1）聚合物驱年产油量小，采收率提高小；（2）南部剩余储量未动用

表5-15 七东₁区聚合物驱不同方案经济指标对比（油价：80 美元/bbl）

序号	指标	方案经济评价指标		
		方案Ⅰ	方案Ⅱ	方案Ⅲ
1	开发总投资（万元）	201186	189071	64649
1.1	建设投资（万元）	194387	182583	62361
1.1.1	钻井工程（万元）	68575	60775	1716
1.1.2	采油工程（万元）	4611	4251	60
1.1.3	地面工程投资（万元）	56101	52782	24565
1.1.4	化学剂费用（万元）	48300	48300	26830
1.2	建设期利息（万元）	2007	1829	409
1.3	流动资金（万元）	4791	4659	1879
2	增加调剖费用（万元）	16800	16475	9190
3	年增量总成本（万元）	41270	39253	13874
4	增量吨油成本费用（元/t）	3344	3589	3361
5	年增量操作费（万元）	12036	12074	5114
6	增量吨油操作费（元/t）	975	1104	1239
7	年平均总利润（万元）	7313	4660	2368
8	年平均净利润（万元）	5021	2931	1438
9	投入产出比	1.23	1.14	1.22
10	总投资收益率（%）	2.75	1.72	2.61
11	内部收益率（%）	16.86	13.02	22.75
12	财务净现值（万元）	9283	1805	4308
13	方案产油量（10^4t）	139.6	130.7	57.5

第五节　聚合物驱方案部署

一、开发部署方案确定

在七东₁区克下组油藏全区进行聚合物驱，聚合物驱目的层 S_7^{2+3+4}，含油面积为 $6.13m^2$

（不包括聚合物驱工业化试验区面积），原始地质储量为 $820×10^4t$。

方案部署原则：

（1）充分利用二次开发部署的井，其他老井（20世纪50—90年代所钻的井）由于井况问题较多，尽量不利用。

（2）采用五点法面积井网部署，井距选择充分考虑油藏南北物性、聚合物驱控制程度等差异，南部井距变化分区界限以二次开发井网为界。

（3）北部以二次开发井网井为界，油藏南部断裂倾角变化较大，部署井离断层100m左右。

（4）聚合物驱工业化试验区井距不再加密。

在油藏北部、聚合物驱工业化试验区采用五点法面积井网200m井距条件下（图5-25），北部注采井距进一步加密到142m注采井距。南部为了提高聚合物驱控制程度与北部匹配（北部142m井距聚合物驱控制程度为87.5%，南部125 m井距聚合物驱控制程度为85.6%），结合聚合物驱工业化试验区南部井液量低、最大含水率下降幅度大、供液能力相对较差等特点，油藏南部采用125m的注采井距。

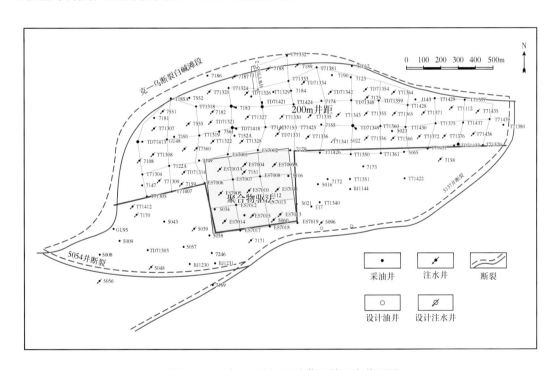

图 5-25　七东₁区克下组油藏目前生产井网图

方案部署后全区生产井277口，其中采油井156口，注入井121口。利用老井66口，需要钻新井211口，其中采油井150口（密闭取心井4口），注入井61口，利用老水井29口，油井转注31口，钻井进尺 $27.43×10^4m$。

七东₁区克下组油藏自1998年以来，再未录取过岩心资料，为了精细研究油藏平面、剖面储层物性、油层发育和水淹状况以及剩余油的分布，方案设计T71721、T71740、

T71839、T71911等4口密闭取心井，其目的如下：

（1）研究不同区域储层物性及非均质性特征，为配方体系优化研究提供依据。

（2）研究水淹后储层"四性"关系，尤其是东部T71740井研究含油性与电性特征，进一步落实油层标准。

（3）T71839井落实东南部的油层发育状况，为下步开发部署提供依据。

（4）研究不同区域剩余油分布特征。

（5）用岩心实验论证不同渗透率情况下不同相对分子质量聚合物的注入能力，建立砾岩油藏渗透率与聚合物相对分子质量关系图版。

（6）研究工业化试验区聚合物驱后剩余油分布情况。

二、聚合物驱注入方案确定

1. 调剖方案

由于该区储层渗透率级差大，非均质性较强，大部分井组驱替不均匀，呈现明显水流不均匀的情况，方向性水窜现象突出，水流优势通道动态反应明显。

调剖的主要目的是封堵油水井之间已形成的水窜通道，因此配方要求有足够的强度。其次，改变油水井之间的产吸液层位对应关系。在调剖后注水井压力要有一定的提高，最主要的是调剖剂进入地层后不要在近井地带形成封堵段塞，要在进入地层30~40m处形成一个封堵段塞。

由于注采井之间已形成严重的水窜通道，调剖时注入速度不宜太快，控制在50m³/d，注入压力不得超过12MPa。

调剖半径：调剖半径确定为注采井距之半或1/2，取40~70m。

调剖厚度：根据吸水液剖面资料、测井解释的渗透率和水流优势通道的厚度，调剖厚度取调剖井主要吸水层段厚度的40%左右，一般4~8m。

注入量：根据确定的半径和厚度，调剖量为3500~10000m³。

调剖体系：采用油田成熟的各类凝胶体系、体膨颗粒等调剖技术。

根据聚合物驱工业化试验的经验，在注入聚合物前80%左右的注水井进行调剖，注聚合物过程中根据生产动态反映适时调剖，工作量为每年注水井数的20%~40%，注聚合物结束前按注水井数50%左右的注入井进行调剖，以保证取得较好的聚合物驱效果。

井网加密后，根据油层、水驱特征的状况，再具体编制调剖实施方案。

2. 聚合物驱油方案

根据砾岩油藏孔隙结构特征和渗透率分布频率，采用相对分子质量区间较宽的复配聚合物。聚合物驱注聚合物参数如下：

（1）聚合物：平均聚合物浓度1800mg/L，聚合物干粉$2.1×10^4$t，分区域个性化设计。

北部区域：注入复配聚合物KF262（1900万~2200万、2500万~3000万、3500万相对分子质量聚合物的比例为2∶6∶2），平均分子质量2500万，多分散性系数不小于2.0；平均注聚合物浓度为2000mg/L，井口黏度大于150mPa·s。

南部区域：注入复配聚合物KF235（1200万~1600万、1900万~2200万、2500万~3000万相对分子质量聚合物的比例为2∶3∶5），平均分子质量2000万，多分散性系数不小于

2.0；平均注聚合物浓度为 1500mg/L，井口黏度大于 80mPa·s。

（2）注入速度：0.15PV/a，累计注入 4.8 年。

（3）注入量为 0.7PV。

井网加密后，再进一步优化注入参数编制驱油方案。

三、聚合物驱方案预测指标

2013 年 10 月开始聚合物驱，注入 0.7PV，平均聚合物浓度为 1800mg/L，注入速度为 0.15PV/a，历时 4 年 8 个月。预测到含水率为 95%，聚合物驱可增产油量 96.1×10⁴t，提高采收率 11.7%，吨聚合物增油 45.8t。阶段产油 139.6×10⁴t，阶段采出程度为 17.02%，最大含水率下降幅度为 18.4 个百分点，聚合物驱年产油量最大可达 31.5×10⁴t（图 5-26、图 5-27、表 5-16）。

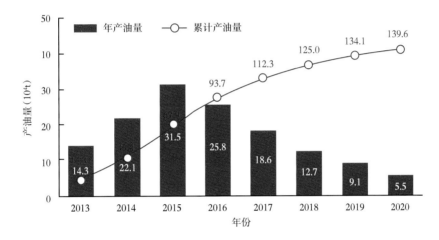

图 5-26　聚合物驱阶段年产油量与累计产油量关系图

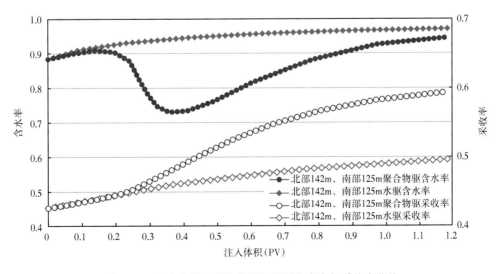

图 5-27　聚合物驱方案数值模拟预测含水率与采收率曲线

表 5-16 聚合物驱方案开发指标预测数据

年份	年产液量（10⁴t）	年产水量（10⁴t）	年产油量（10⁴t）	年增油量（10⁴t）	年平均含水率（%）	单井产液量（t/d）	单井产油量（t/d）	年注入量（10⁴m³）	单井注入量（m³）
2013	171.2	156.9	14.3	0	91.6	36.8	3.1	225.0	56.3
2014	165.9	143.8	22.1	13.8	86.7	35.7	4.8	225.0	56.3
2015	158.6	127.1	31.5	23.5	80.1	34.1	6.8	225.0	56.3
2016	155.4	129.6	25.8	17.2	83.4	33.4	5.5	225.0	56.3
2017	152.3	133.7	18.6	14.3	87.8	32.8	4.0	225.0	56.3
2018	146.8	134.1	12.7	12.7	91.3	31.6	2.7	225.0	56.3
2019	148.6	139.5	9.1	9.10	93.9	32.0	2.0	225.0	56.3
2020	109.5	104.0	5.5	5.50	95.0	23.5	1.2	145.0	36.3
合计	1208.3	1068.7	139.6	96.1				1720.0	

参 考 文 献

陈玉琨，王延杰，朱亚婷，等，2015. 克拉玛依油田七东₁区克下组冲积扇储层构型表征 [J]. 岩性油气藏，27（5）：92-97.

封从军，赵逸，贾鹏，等，2013. 浅水湖盆三角洲储层构型模式探讨 [J]. 地质科学，48（4）：1234-1245.

冯烁，于兴河，李顺利，等，2021. 内蒙古岱海元子沟冲积扇内部构型特征及分布规律 [J]. 东北石油大学学报，45（5）：31-40，116.

冯文杰，吴胜和，许长福，等，2015. 冲积扇储层窜流通道及其控制的剩余油分布模式——以克拉玛依油田一中区下克拉玛依组为例 [J]. 石油学报，36（7）：859-870.

胡光义，王海峰，范廷恩，等，2021. 海上油田河流相复合砂体构型级次解析 [J]. 古地理学报，23（4）：810-823.

霍春亮，刘松，古莉，等，2007. 一种定量评价储集层地质模型不确定性的方法 [J]. 石油勘探与开发，34（5）：574-579.

姜辉，于兴河，张响响，2006. 主流随机建模技术评价及约束原则 [J]. 新疆石油地质，27（5）：621-625.

赖泽武，黄沧佃，彭仕宓，2001. 储层结构目标建模程序 MOD-OBJ 及其应用 [J]. 石油大学学报（自然科学版），25（1）：62-68.

兰朝利，李继亮，陈海泓，1999. 冲积沉积结构单元分析法综述 [J]. 地质论评，45（6）：603-612.

李君，李少华，张敏，等，2013. 多种建模方法耦合建立冲积扇三维构型模型：以克拉玛依油田六中东区下克拉玛依组为例 [J]. 现代地质，27（3）：662-668.

李少华，2004. 储层随机建模方法的若干改进及应用 [D]. 北京：中国石油勘探开发研究院.

李少华，张昌民，彭裕林，等，2004. 储层不确定性评价 [J]. 西安石油大学学报（自然科学版），19（5）：16-19，24.

刘敬奎，1986. 克拉玛依油田砾岩储集层的研究 [J]. 石油学报，7（1）：42-53.

刘钰铭，侯加根，王连敏，等，2009. 辫状河储层构型分析 [J]. 中国石油大学学报（自然科学版），33（1）：7-11，17.

罗明高，1991. 碎屑岩储层结构模态的定量模型 [J]. 石油学报，12（4）：27-38.

孟玉净，赵彦超，熊山，等，2021. 榆科油田东营组河流相储层构型与油藏单元研究 [J]. 地球科学，46（7）：2481-2493.

乔雨朋，邱隆伟，邵先杰，等，2017. 辫状河储层构型表征研究进展 [J]. 油气地质与采收率，24（6）：34-42.

裴怿楠，薛叔浩，应凤祥，1997. 中国陆相油气储层 [M]. 北京：石油工业出版社.

权勃，侯东梅，牟松茹，等，2020. 基于水平井信息的辫状河储层构型单元空间展布研究 [J]. 中国海上油气，32（4）：96-103.

孙立春，高博禹，李敬功，2009. 储层地质建模参数不确定性研究方法探讨 [J]. 中国海上油气，21（1）：35-38.

王家华，张团峰，2001. 油气储层随机建模 [M]. 北京：石油工业出版社.

文健，裴怿楠，1994. 油藏早期评价阶段储层建模技术的发展方向 [J]. 石油勘探与开发，21（5）：88-93，121-122.

吴胜和，2010. 储层表征与建模 [M]. 北京：石油工业出版社.

吴胜和，范峥，许长福，等，2012. 新疆克拉玛依油田三叠系克下组冲积扇内部构型 [J]. 古地理学报，14

（3）：331-340.

吴胜和，岳大力，刘建民，等，2008. 地下古河道储层构型的层次建模研究［J］. 中国科学 D 辑：地球科学，38（增刊 I）：111-121.

吴小军，李晓梅，谢丹，等，2015. 多点地质统计学方法在冲积扇构型建模中的应用［J］. 岩性油气藏，27（5）：87-91.

薛培华，1991. 河流点坝相储层模式概论［M］. 北京：石油工业出版社.

尹艳树，吴胜和，张昌民，等，2008. 基于储层骨架的多点地质统计学方法［J］. 中国科学 D 辑：地球科学，38（增刊 II）：157-164.

印森林，吴胜和，冯文杰，等，2013. 冲积扇储集层内部隔夹层样式——以克拉玛依油田一中区克下组为例［J］. 石油勘探与开发，40（6）：757-763.

于金彪，2005. 基于油藏数值模拟研究的地质模型质量评价方法［J］. 油气地质与采收率，12（2）：49-51.

岳大力，2006. 曲流河储层构型分析与剩余油分布模式研究——以孤岛油田馆陶组为例［D］. 北京：中国石油大学（北京）.

张阳，赵平起，芦凤明，等，2020. 基于 K- 均值聚类和贝叶斯判别的冲积扇单井储层构型识别［J］. 石油地球物理勘探，55（4）：873-883.

张昌民，1992. 储层研究中的层次分析法［J］. 石油与天然气地质，13（3）：344-350.

张春雷，段林娣，王志章，2004. 储集层随机建模的改进河道模型条件算法［J］. 石油勘探与开发，31（4）：76-78.

张纪易，1980. 克拉玛依洪积扇粗碎屑储集体［J］. 新疆石油地质（1）：33-53.

张纪易，1985. 粗碎屑洪积扇的某些沉积特征和微相划分［J］. 沉积学报，3（3）：74-85.

张祥忠，熊琦华，蔡毅，2003. 应用多级序贯指示模拟方法模拟火烧山油田岩相［J］. 石油勘探与开发，30（6）：81-82.

赵磊，柯岭，段太忠，等，2017. 基于地震反演及多信息协同约束的冲积扇储层精细建模［J］. 东北石油大学学报，41（1）：63-72.

赵晓明，刘飞，葛家旺，等，2023. 深水水道沉积构型单元分级与结构样式［J］. 沉积学报，41（1）：37-51.

郑占，吴胜和，许长福，等，2010. 克拉玛依油田六区克下组冲积扇岩石相及储层质量差异［J］. 石油与天然气地质，31（4）：463-471.

周丽清，熊琦华，吴胜和，2001. 随机建模中相模型的优选验证原则［J］. 石油勘探与开发，28（1）：70-71.

Arpat，2005. Sequential simulation with patterns［D］. CA，USA：Stanford University Stanford.

Brett T，Ron J，2007. Architecture and origin of an amalgamated fluvial sheet sand，lower Castlegate Formation，Book Cliffs，Utah［J］. Sedimentary Geology，197（3）：291-311.

Bridge J S，Leeder M R，1979. A simulation model of alluvial stratigraphy［J］. Sedimentology，26（5）：617-644.

Brown R L，1996. Seismic attribute and their classification［J］. Leading Edge，15（10）：1090-1094.

Caers J K，Srinivasan S，Journel A G，1999. Geostatistical quantification of geological information for a fluvial-type North-Sea reservoir［C］. SPE Reservoir Evaluation & Engineering，3（5）：457-467.

Chatterjee S，Dimitrakopoulos R，Mustapha H，2012. Dimensional reduction of patternbased simulation using wavelet analysis［J］. Mathemathcal Geosciences，44：343-374.

Chen Q，Sidney S，1997. Seismic attribute technology for reservoir forecasting and monitoring［J］. Leading Edge，

16（5）：445-450.

Clarke R H, 1979. Reservoir properties of conglomerates and conglomeratic sandstones［J］. AAPG Bulletin, 63 （5）：799-809.

Decelles P G, Gray M B, Ridgway K D, et al., 1991. Controls on synorogenic alluvial-fan architecture, Beartooth Conglomerate（Palaeocene）, Wyoming and Montana［J］. Sedimentology, 38（4）：567-590.

Deptuck M E, Steffens G S, Bartom M, et al., 2003. Architecture and evolution of upper fan channel-belts on the Niger Delta slope and in the Arabian Sea［J］. Marine & Petroleum Geology, 20（6-8）：649-676.

Deutsch C V, Wang L, 1996. Hierarchical object-based stochastic modeling of fluvial reservoirs［J］. Mathematical Geology, 28（7）：857-880.

Draper N R, Smith H, 1966. In applied regression analysis［J］. Biometrics, 37（4）.

Galloway W E, Hobday D K, 1983. Alluvial-fan systems［M］. Springer US.

Goovaerts P, 2002. Geostatistical modelling of spatial uncertainty using p-field simulation with conditional probability fields ［J］. International Journal of Geographical Information Science, 16（2）：167-178.

Guardiano F B, Srivastava R M, 1993. Multivariate geostatistics: beyond bivariate moments［J］. Geostatistics Troia, 1：133-144.

Hooke B, 1965. Alluvial fans［D］. LA：Califomia Institute of Technology.

Hornung J, Aigner T, 2002. Reservoir architecture in a terminal alluvial plain: an outcrop analogue study（upper triassic, southern germany）part 1: Sedimentology and petrophysics［J］. Journal of Petroleum Geology, 25（1）：3-30.

Hu L Y, Joseph P, Dubrule O, 1994. Random genetic simulation of the internal geometry of deltaic sandstone bodies［J］. Spe Formation Evaluation, 9（4）：245-250.

Jinchi Chu, 1996. Fast sequential indicator simulation: beyond reproduction of indicator variograms［J］. Mathematical Geology, 28（7）：922-936.

Journel A G, Deutsch CV, 1993. Entropy and spatial disorder［J］. Mathematical Geology 25（3）：329-355.

Journel A G, Huijbregts C J, 1978. Mining Geostatistics［M］. London：Academic Press.

Lopez S, 2003. Modelisation de reservoir chenalises meandriforme: Approche genetique et stochastique［D］. Ecole des Mines de Paris.

Mariethoz G, Renard P, 2010. Reconstruction of incomplete data sets or images using direct sampling［J］. Mathematical Geosciences, 42（3）：245-268.

Matheron G, 1962. Traité de Géostatistique Appliqué［M］. Tome 1. Paris Reimann.

Matheron G, 1963. Prineiples of geostatistics［J］. Econimic Geology, 58：1246-1266.

Mehrdad Honarkhah, 2011. Stochastic simulation of patterns using distance-based pattern modeling［D］. Stanford, CA, USA：Stanford University.

Miall A D, 1985. Arcitectural-element analysis: A new method of facies analysis applied to fluvial deposits［J］. Earth Science Reviews, 22（4）：261-308.

Miall A D, 1996. The geology of fluvial deposits: Sedimentary facies, basin analysis and petroleum geology［M］. New York：Springer-Verlag.

Oberkampf W L, Deland S M, 1999. A new methodology for the estimation of total uncertainty in computational simulation［C］. 1999 AIAA Forum on Non-deterministic Approaches.

Patterson P E, Jones T A, Donofrio C J, et al., 2002. Geologic modelling of external and internal reservoir architecture of fluvial depositional systems[C]. Geostatistics Rio: 41-52.

Pyrcz M J, 2004. Integration of geologic information into geostatistical models[D]. Edmonton, Canada: University of Alberta.

Soares A, 1998. Sequential indicator simulation with correction for local probabilities[J]. Mathematical Geology, 30(6): 761-765.

Srivastava R M, 1992. Reservoir characterization with probability field simulation[J]. SPE Formation Evaluation, 7(4): 927-937.

Stanistreet I G, Mccarthy T S, 1993. The Okavango Fan and the classification of subaerial fan systems[J]. Sedimentary Geology, 85(1): 115-133.

Strebelle, 2000. Sequential simulation drawing structures from training images. [D]. Stanford University.

Suro-Pérez, 1993. Indicator principal component kriging: The multivariate case[J]. Geostatistics Tróia, 92: 441-454.

Taner M T, Doher ty R, Schuelke J S, et al., 1994. Seismic attributes revisited[C]. Los Angeles, California: The 1994 SEG Annual Meeting.

Wang L, 1996. Modeling complex reservoir geometries with multiple point statistics[J]. Mathematical Geology, 28(7): 895-901.

Xu W, 1996. Conditional curvilinear stochastic simulation using pixel-based algorithms[J]. Mathematical Geology, 28(7): 937-943.

Zhang T, 2006. Filter-based training pattern classication for spatial pattern simulation[D]. Stanford University.